JN248487

共通テスト

スマート対策 ［3訂版］

数学 I・A

教学社

はじめに

Smart Start シリーズ
「共通テスト　スマート対策」刊行に寄せて

　2021 年 1 月から，「大学入学共通テスト」（以下，共通テスト）が始まりました。どんな問題が出題されるのだろう，どういった勉強をすればよいのだろう…と，不安に思っている人も少なくないかもしれません。まずは，共通テストのことを知りましょう。どんなテストなのかがわかれば，対策もグンとしやすくなるはずです。

　共通テストでは，今まで以上に「思考力」が問われると言われています。しかしながら，実はこれまでも大学入試センター試験（以下，センター試験）や各大学の個別試験において，思考力を問う問題は出題されてきました。センター試験から共通テストに変わったとはいえ，各科目で習得すべき内容や大学入学までにつけておくべき学力が，大きく変わったわけではありません。本シリーズは，テストの変化にたじろぐことなく共通テストに対応できる力を養います。

　このシリーズでは，2021 年 1 月に実施された，2 回の共通テスト本試験（第 1・2 日程）の出題を徹底的に分析すると同時に，共通テストに即した演習をするための良問を集めました。丁寧な分析によって共通テストのことがわかるだけでなく，科目ごとの特性を活かしつつ，本書オリジナル問題や，2017 年・2018 年に実施された試行調査（プレテスト），センター試験や各大学の過去問にアレンジを加えた問題，思考力の問われた過去問などから，共通テスト対策として最適な問題を精選し，効率的かつ無駄なく演習ができるような問題集となっています。

　受験生の皆さんにとって，このシリーズが，共通テストへ向けたスマートな対策の第一歩となることを願っています。本書とともに，賢くスタートを切りましょう。

教学社　編集部

数学 I・A

作題・執筆協力（演習問題）
　杉原　聡（河合塾講師）
　吉田大悟（河合塾講師，龍谷大学講師）
執筆協力（実戦問題）
　我妻健人（攻玉社中学校・高等学校教諭）

CONTENTS

※2021年度の共通テストは，新型コロナウイルス感染症の影響に伴う学業の遅れに対応する選択肢を
　確保するため，本試験が以下の2日程で実施されました。
　第1日程：2021年1月16日（土）および17日（日）
　第2日程：2021年1月30日（土）および31日（日）
※第2回プレテストは2018年度に，第1回プレテストは2017年度に実施されたものです。
※モニター調査の「モデル問題例」は，2016年に実施され，2017年5・7月に公表されたものです。
※「参考問題例」は，第2回プレテスト後の2018年12月に公表されたものです。

※本書に収載している，共通テストのプレテスト等の〔正解・配点・平均点〕は，大学入試センター
　から公表されたものです。
※プレテスト等で出題された，記述式問題については，小社においてマーク式問題に改題しています。

本書の特長と活用法

本書は，「共通テスト」を受験する人のための対策問題集です。本書には，数学のうち，「数学Ⅰ・数学Ａ」について，分析・問題・解答解説を収載しています。「数学Ⅱ・数学Ｂ」については，本シリーズ内の姉妹本である『数学Ⅱ・Ｂ』に収載しています。

● まず，共通テストのことを知る

本書では，まず「共通テスト」とは何なのかを簡単に説明し（→共通テストとは），「数学」の問題全体について，「大学入学共通テスト」の本試験およびプレテストと「大学入試センター試験」とを，徹底的に比較・分析し，共通テストの対策において必要と思われることを詳しく説明しています（→分析と対策）。

● 演習＆実戦問題でステップアップ

第1章から第7章にかけては，分野ごとに，傾向を分析し，演習問題を解き，基礎的な力をつけます。演習問題では，プレテスト（第1回）と，モニター調査の「モデル問題例」，プレテスト後に発表された「参考問題例」に加えて，プレテストの傾向を踏まえて独自に作成したオリジナル問題を掲載しています。

そこまで仕上げた上で，巻末の実戦問題に取り組みましょう。2021年度共通テスト本試験（第1日程）の問題・解答を収載していますので，本番形式でのチャレンジに最適です。

なお，当初導入が予定されていた，記述式問題については，導入が見送られたため，プレテストと問題例の該当する設問を，出題意図を損なわない範囲でマーク式問題に改題した上で掲載しています。

共通テストとは？

　大学入学共通テスト（以下，共通テスト）は，大学への入学志願者を対象に，高校における基礎的な学習の達成度を判定し，大学教育を受けるために必要な能力について把握することを目的とする試験です。一般選抜で国公立大学を目指す場合は原則的に，一次試験として共通テストを受験し，二次試験として各大学の個別試験を受験することになります。また，私立大学も9割近くが共通テストを利用します。そのことから，共通テストは50万人近くが受験する，大学入試最大の試験になっています。以前は大学入試センター試験がこの役割を果たしており，共通テストはそれを受け継ぐものです。

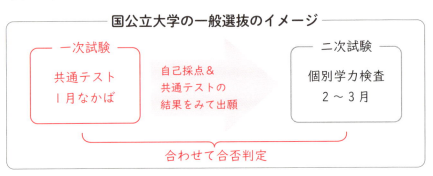

国公立大学の一般選抜のイメージ

一次試験
共通テスト
1月なかば

自己採点＆
共通テストの
結果をみて出願

二次試験
個別学力検査
2〜3月

合わせて合否判定

📖 共通テストの特徴

　共通テストの問題作成方針には「思考力，判断力，表現力等を発揮して解くことが求められる問題を重視する」とあり，これまで以上に**「思考力」を問う出題**が見られます。実際の問題を見ると，**日常的な題材**を扱う問題や**複数の資料**を読み取る問題が多く出題されています。そのため，共通テストの問題は難しく感じられるかもしれません。

　しかし，過度に不安になる必要はありません。これまでも，思考力を問うような問題は出題されてきましたし，共通テストの問題作成方針にも「これまで問題の評価・改善を重ねてきた大学入試センター試験における良問の蓄積を受け継ぎつつ」と明記されています。共通テストの対策をする際は，センター試験の過去問も上手に活用しましょう。

📖「英語」の変更点

共通テストの英語では, センター試験の「筆記」が「リーディング」に改称され,「読むこと」に特化した内容になっています。また, センター試験では「筆記 200 点・リスニング 50 点」の「4：1」だった配点が, 英語 4 技能※をバランスよく育成するという観点から,「リーディング 100 点・リスニング 100 点」の「1：1」の配点になっています。ただし, 実際の入試で配点の比重をどのように置くかは各大学の判断になります。リーディングとリスニングの点数を「4：1」や「3：1」に換算して入試に用いる大学もあります。各大学の募集要項で必ず確認しましょう。

※英語 4 技能：読む（リーディング）, 聞く（リスニング）, 話す（スピーキング）, 書く（ライティング）

● リスニングでは「1 回読み」の問題も出題

センター試験のリスニングでは問題音声はすべて 2 回ずつ読み上げられていました。共通テストでは実際のコミュニケーションを想定して「1 回読み」の問題も出題されます。聞き逃しが許されないことになりますから, リスニング対策がより重要になったと言えるでしょう。

＼＼読む＋考える習慣をつけよう／／

共通テストは, これまで以上に知識の活用に重点が置かれ, 「思考力」が問われるとされていますが, 具体的にはどういうことでしょうか。実際の問題を見ると, たとえば「複数の情報を組み合わせて考える問題」や, 「正答となる組み合わせが複数ある問題」などの出題が増えています。全体的に読む分量が増えているので, 情報や文章を速く正確に読み取る読解力がより大切になってくると言えるでしょう。

各科目で学習する内容を実生活と結び付けてとらえ, 実生活における正解のない問いに立ち向かう力をつけてほしいという考え方から, 高校での学習など身近な場面設定がなされている問題も見られます。

共通テストへの対策は, 各教科で学ぶべき内容をきちんと理解していることが土台になります。その上で, 本シリーズを使って, 共通テストの設問や解答形式に慣れておくとよいでしょう。普段から読むことをおろそかにせず, 何に対しても「なぜなのか」を考える習慣をつけておきましょう。

■ 共通テストの出題教科・科目　解答方法は全教科マーク式。

教科	出題科目	選択方法・出題方法	試験時間(配点)
国語	『国語』	「国語総合」の内容を出題範囲とし、近代以降の文章（2問100点），古典（古文（1問50点），漢文（1問50点））を出題する。	80分（200点）
地理歴史	「世界史A」「世界史B」「日本史A」「日本史B」「地理A」「地理B」	10科目から最大2科目を選択解答(同一名称を含む科目の組合せで2科目選択はできない。受験科目数は出願時に申請)。『倫理，政治・経済』は，「倫理」と「政治・経済」を総合した出題範囲とする。	1科目選択60分（100点） 2科目選択解答時間120分（200点）
公民	「現代社会」「倫理」「政治・経済」『倫理，政治・経済』		
数学	① 「数学Ⅰ」『数学Ⅰ・数学A』	2科目から1科目を選択解答。『数学Ⅰ・数学A』は，「数学Ⅰ」と「数学A」を総合した出題範囲とする。「数学A」は3項目（場合の数と確率，整数の性質，図形の性質）の内容のうち，2項目以上を学習した者に対応した出題とし，問題を選択解答させる。	70分（100点）
	② 「数学Ⅱ」『数学Ⅱ・数学B』『簿記・会計』『情報関係基礎』	4科目から1科目を選択解答。『数学Ⅱ・数学B』は，「数学Ⅱ」と「数学B」を総合した出題範囲とする。「数学B」は3項目（数列，ベクトル，確率分布と統計的な推測）の内容のうち，2項目以上を学習した者に対応した出題とし，問題を選択解答させる。	60分（100点）
理科	① 「物理基礎」「化学基礎」「生物基礎」「地学基礎」	8科目から下記のいずれかの選択方法により科目を選択解答（受験科目の選択方法は出願時に申請）。 A　理科①から2科目 B　理科②から1科目 C　理科①から2科目および理科②から1科目 D　理科②から2科目	【理科①】2科目選択60分（100点） 【理科②】1科目選択60分（100点） 2科目選択解答時間120分（200点）
	② 「物理」「化学」「生物」「地学」		
外国語	『英語』『ドイツ語』『フランス語』『中国語』『韓国語』	5科目から1科目を選択解答。『英語』は，「コミュニケーション英語Ⅰ」に加えて「コミュニケーション英語Ⅱ」および「英語表現Ⅰ」を出題範囲とし，「リーディング」と「リスニング」を出題する。「リスニング」には，聞き取る英語の音声を2回流す問題と，1回流す問題がある。	『英語』【リーディング】80分（100点） 【リスニング】解答時間30分（100点） 『英語』以外【筆記】80分（200点）

志望校での利用方法に注意！

　共通テストでは，6教科30科目の中から**最大で6教科9科目を選択して受験**します。どの科目を課すかは大学・学部・日程などによって異なります。受験生は志望大学の入試に必要な科目を選択して受験することになります。とりわけ，理科の選択方法や地歴公民の科目指定などは注意が必要です。受験科目が足りないと出願できなくなりますので，**第一志望に限らず，出願する可能性のある大学の入試に必要な教科・科目は早めに調べておきましょう。**

共通テストのキーワード

📺 **WEB もチェック！**

共通テストのことがわかる！

http://akahon.net/k-test/

　本書の内容は，2021年5月までに文部科学省や大学入試センターから公表された資料や内容に基づいて作成していますが，実際の試験の際には，変更等も考えられますので，「受験案内」や大学入試センターのウェブサイトで，最新の情報を必ず確認してください。

大学入試センター ウェブサイト：https://www.dnc.ac.jp/

分析と対策

どんな問題が出るの？

　「大学入試センター試験」に代わるテストとして，2021年1月から「大学入学共通テスト」がスタートしました。共通テストでは，センター試験よりもさらに「**知識の深い理解と思考力・判断力・表現力を重視した作問**」への見直しなどの方針が示されており，先立って2017年と2018年には，2回の試行調査（プレテスト）も行われていました。

　共通テストの作問は引き続き大学入試センターが担っているため，従来のセンター試験の蓄積を生かし，内容や形式を継承しているところもあります。一方，より高校教育と大学教育の接続が意識されており，前述したような「思考力・判断力・表現力」を問うために，問題の内容や設問の形式において様々な変化が見られます。

作問の方向性と題材

　いずれの科目でも，高等学校の学習指導要領の内容と目標に準拠しながらも，「**授業において生徒が学習する場面**」，「**社会生活や日常生活の中から課題を発見し解決方法を構想する場面**」，「**資料やデータ等をもとに考察する場面**」など，より学習過程を意識した場面設定を重視し，会話形式や実用的な設定の多用，複数の資料・データの提示など，全体的に「読ませる」「考えさせる」設定になっています。

　共通テストの「問題作成方針」によると，数学では下記のような**作問の方向性**が示されています。

- 事象の数量等に着目して数学的な問題を見いだすこと
- 構想・見通しを立てること
- 目的に応じて数・式，図，表，グラフなどを活用し，一定の手順に従って数学的に処理すること
- 解決過程を振り返り，得られた結果を意味づけたり，活用したりすること

さらに，問題として取り扱われる題材については，下記のようなものが挙げられています。

- 日常の事象
- 数学のよさを実感できる題材
- 教科書等では扱われていない数学の定理等を既知の知識等を活用しながら導くことのできるような題材等

　共通テストで実際に出題された問題を見ても，これらのねらいや方向性が明確に表れた意欲的なものとなっていました。従来のセンター試験よりも難しくなった面もありますが，より数学の本質や実用を意識させるような問い方になっており，**解いてみると楽しい，よく練られた良問**であると実感できます。

 ## 記述式問題の導入の見送り

　当初は，国語と数学で記述式問題が出題されることが予定されており，数学では，「数学Ⅰ」の範囲で記述式問題が出題される予定でした。『数学Ⅰ・数学A』のプレテストにおいても，マーク式の大問の中の一部の小問が記述式問題となっており，計小問3問が出題されました。

　しかし，その後記述式問題の導入が見送られることが発表されたため，本番の共通テストにおいては，**従来通りマーク式問題のみ**が出題されました。

　記述式問題といっても，主として数式等を答える形式で，特別難しい問題ではありませんでした。本書では，プレテスト等で出題された記述式問題については，出題意図を損なわない範囲で**マーク式問題に改題**した上で掲載しています。

共通テスト徹底分析

　それでは，実際の共通テストの問題形式を確認しながら，センター試験との共通点と相違点を具体的に見ていきましょう。

 ## 出題科目と試験時間

　センター試験と同様に，共通テストでも数学は下表の2つのグループに分かれており，このうち，多くの受験生が『数学Ⅰ・数学A』と『数学Ⅱ・数学B』を選択することが見込まれます。ただし，グループ①の「数学Ⅰ」および『数学Ⅰ・数学A』では，試験時間が従来の60分から70分に延長されていますので注意が必要です。

グループ	出題科目	科目選択の方法	試験時間
①	「数学Ⅰ」『数学Ⅰ・数学A』	左記出題科目2科目のうちから1科目を選択し，解答する。	70分
②	「数学Ⅱ」『数学Ⅱ・数学B』『簿記・会計』『情報関係基礎』	左記出題科目4科目のうちから1科目を選択し，解答する。	60分

 ## 配点と大問構成

　配点は，いずれもセンター試験と変わらず100点満点です。

　大問構成は，センター試験とほぼ同じで，『数学Ⅰ・数学A』では，第1問と第2問が「数学Ⅰ」の範囲の必答問題（計60点），第3問〜第5問が「数学A」の範囲の選択問題で，3問のうち2問を選択する（計40点）というものです。

　『数学Ⅱ・数学B』も同様に，第1問と第2問が「数学Ⅱ」の範囲の必答問題（計60点），第3問〜第5問が「数学B」の範囲の選択問題で，3問のうち2問を選択（計40点）となっています。

● 数学Ⅰ・数学A／大問構成の比較

試　験	区　分	大　問	項　目	配　点
2021年度 本試験 （第1日程）	必　答	第1問	〔1〕 2次方程式，数と式 〔2〕 図形と計量	10点 20点
		第2問	〔1〕 2次関数 〔2〕 データの分析	15点 15点
	2問選択	第3問	場合の数と確率	20点
		第4問	整数の性質	20点
		第5問	図形の性質	20点
2021年度 本試験 （第2日程）	必　答	第1問	〔1〕 数と式，集合と論理 〔2〕 図形と計量	10点 20点
		第2問	〔1〕 2次関数 〔2〕 データの分析	15点 15点
	2問選択	第3問	場合の数と確率	20点
		第4問	整数の性質	20点
		第5問	図形の性質	20点
第2回 プレテスト	必　答	第1問	〔1〕 数と式（集合と論理） 〔2〕 2次関数 〔3〕 図形と計量 〔4〕 図形と計量	8点 6点 5点 6点
		第2問	〔1〕 図形と計量，2次関数 〔2〕 データの分析	16点 19点
	2問選択	第3問	場合の数と確率	20点
		第4問	整数の性質	20点
		第5問	図形の性質	20点
第1回 プレテスト	必　答	第1問	〔1〕 2次関数 〔2〕 図形と計量	― ―
		第2問	〔1〕 2次関数 〔2〕 データの分析	― ―

		第3問	場合の数と確率	—
	2問選択	第4問	図形の性質	—
		第5問	整数の性質	—
センター試験 2020 年度 本試験	必　答	第1問	〔1〕1次関数，2次不等式 〔2〕数と式（集合と論理） 〔3〕2次関数	10点 8点 12点
		第2問	〔1〕図形と計量 〔2〕データの分析	15点 15点
	2問選択	第3問	〔1〕場合の数と確率 〔2〕場合の数と確率	4点 16点
		第4問	整数の性質	20点
		第5問	図形の性質	20点

※第1回プレテストでは配点が設定されなかった。

● 数学Ⅱ・数学B／大問構成の比較

試　験	区　分	大　問	項　目	配　点
2021 年度 本試験 （第1日程）	必　答	第1問	〔1〕三角関数 〔2〕指数関数，いろいろな式	15点 15点
		第2問	微分・積分	30点
	2問選択	第3問	確率分布と統計的な推測	20点
		第4問	数列	20点
		第5問	ベクトル	20点
2021 年度 本試験 （第2日程）	必　答	第1問	〔1〕対数関数 〔2〕三角関数	13点 17点
		第2問	〔1〕微分・積分 〔2〕微分・積分	17点 13点
	2問選択	第3問	確率分布と統計的な推測	20点
		第4問	〔1〕数列 〔2〕数列	6点 14点
		第5問	ベクトル	20点

第2回 プレテスト	必　答	第1問	〔1〕三角関数	6点
			〔2〕微分・積分，いろいろな式	11点
			〔3〕指数・対数関数	13点
		第2問	〔1〕図形と方程式	19点
			〔2〕図形と方程式	11点
	2問選択	第3問	確率分布と統計的な推測	20点
		第4問	数列	20点
		第5問	ベクトル	20点
第1回 プレテスト	必　答	第1問	〔1〕図形と方程式，いろいろな式	―
			〔2〕指数・対数関数	―
			〔3〕三角関数	―
			〔4〕いろいろな式	―
		第2問	微分・積分	―
	2問選択	第3問	数列	―
		第4問	ベクトル	―
		第5問	確率分布と統計的な推測	―
センター試験 2020年度 本試験	必　答	第1問	〔1〕三角関数，いろいろな式	15点
			〔2〕指数・対数関数，図形と方程式	15点
		第2問	微分・積分	30点
	2問選択	第3問	数列	20点
		第4問	ベクトル	20点
		第5問	確率分布と統計的な推測	20点

※第1回プレテストでは配点が設定されなかった。

分野の異なる中問，選択問題の選択率

　『数学Ⅰ・数学A』『数学Ⅱ・数学B』ともに，第1問と第2問では，**分野の異なる中問に分かれている**ことも，センター試験から引き継がれている傾向です。プレテストでは，センター試験ほど中問のフレームや配点が固定されていませんでしたが，2021年度本試験ではいずれの日程もセンター試験に近い中問構成で出題されました。とはいえ，今後より幅広い分野から出題され，年度によって分野ごとの配点の重点が異なることも予想されるので，柔軟に対応する必要があります。

　なお，第2回プレテストでは，第3問～第5問の選択率は次のようになっていました。特に「数学B」の「確率分布と統計的な推測」は大学の個別試験での出題が少なく，選択する人が少数派となっていますが，第2回プレテストおよび2021年度本試験では，学習指導要領の順番に従って第3問に置かれました。

● 第3問～第5問の選択率（第2回プレテスト）

科目名	選択パターン	選択率（%）
数学Ⅰ・数学A	第3問・第4問（確率・整数）	51.23
	第3問・第5問（確率・図形）	24.72
	第4問・第5問（整数・図形）	24.04
数学Ⅱ・数学B	第3問・第4問（統計・数列）	13.82
	第3問・第5問（統計・ベクトル）	5.57
	第4問・第5問（数列・ベクトル）	80.61

問題の場面設定

　センター試験との大きな違いが問題の場面設定です。センター試験の数学では，一般的な形式での高校数学の問題が出題されていましたが，共通テストでは，生徒同士や先生と生徒による**会話文の設定**や，教育現場での **ICT（情報通信技術）活用の設定**，社会や日常生活における**実用的な設定**の問題などが目を引きます。また，既知ないし未知の**公式ないし数学的事実の考察・証明**や，**大学で学ぶ高度な数学の内容を背景とする**ような出題も見られます（本書では，場面設定の分類について，問題に **会話設定** などのマークを付しています）。

　いずれも，そうした内容自体が知識として問われるわけではなく，あくまでも，高

校で身につけた内容を駆使して取り組めるように工夫がこらされていますが，設定が目新しく，長めの問題文を読みながら解き進めていく必要もあるので，柔軟な応用力が試されるものとなっています。

● 場面設定の分類

分　類	数学Ⅰ・数学A				数学Ⅱ・数学B			
	2021年度第1日程	2021年度第2日程	第2回プレテスト	第1回プレテスト	2021年度第1日程	2021年度第2日程	第2回プレテスト	第1回プレテスト
会話文の設定	1〔1〕，3	2〔1〕	2〔2〕，3，5	1〔2〕，2〔2〕，4	1〔2〕	1〔1〕	4	1〔4〕
ICT 活用の設定		1〔2〕	1〔2〕，2〔2〕	1〔1〕，4				
実用的な設定	2〔1〕，2〔2〕	2〔1〕，2〔2〕	1〔3〕，4	2〔1〕，2〔2〕，3	3	3，4〔2〕	1〔3〕，2〔1〕，3	3，5
考察・証明高度な数学的背景	1〔2〕，3，4	1〔2〕，4，5	1〔4〕，3，5	1〔2〕，4，5	1〔2〕，2，5	1〔2〕	4，5	1〔4〕，4

※数字は大問番号，〔　〕は中問。

◆ 数学特有の形式と解答用紙

　他科目では，選択肢の中から答えのマーク番号を選択する形式がほとんどですが，センター試験の数学では，与えられた枠に当てはまる数字や記号をマークする，穴埋め式が中心でした。

　解答用紙には，0〜9の数字だけでなく，−の符号と，『数学Ⅰ・数学A』「数学Ⅰ」では±の符号も，『数学Ⅱ・数学B』「数学Ⅱ」では，a〜dの記号も設けられており，共通テストでも，解答用紙のマーク欄の構成はセンター試験と同様でした。第1面で第1問と第2問，第2面で第3問〜第5問を選択解答するのも変わりませんでした。

　プレテストでは，選択肢の中から選ぶ形式の出題が大幅に増えましたが，2021年度本試験では，従来の穴埋め式の問題も多く出題されました。分数は既約分数で，根号がある場合は根号の中の数字が最小となる形で解答しなければならないことにも注意が必要です。本番で焦らないよう，こうした形式に慣れておきましょう。問題冊子の裏表紙に「解答上の注意」が印刷されていますので，試験開始前によく読みましょう。

設問形式

　設問形式においては，プレテストでは，穴埋め式よりも選択式の占める割合が大きくなり，また，「二つ選べ」や「すべて選べ」など，複数の選択肢を完答しなければならない，より難度の高い問題も出題されましたが，2021年度本試験では解答欄を分けて二つ選ぶ問題が出題されるにとどまりました。

 ## 問題の分量

　場面設定や設問形式の変更にともなって，問題の分量も大幅に増えました。センター試験でも，導入当初の1990年代と比べると，問題の頁数が3倍近く増加しており，「試験時間が足りない」という声もよく聞かれましたが，プレテストではさらに増加しており，センター試験が概ね大問1題あたり2～3頁だとすれば，プレテストではおよそ大問1題あたり4～6頁以上の分量となっています。2021年度本試験では，プレテストに比べると分量が抑えられましたが，それでも大問あたり4～5頁程度の分量となりました。

　なお，プレテストでは問題の分量に比して，**設問数が多い頁と少ない頁**も見受けられましたが，2021年度本試験では比較的均等に空欄が設けられていました。

● 問題の頁数の比較

問題の頁数	2021 第1日程	2021 第2日程	第2回 プレテスト	第1回 プレテスト	2020 本試験	2019 本試験	2018 本試験
数学Ⅰ・数学A	26頁	21頁	25頁	32頁	18頁	19頁	17頁
数学Ⅱ・数学B	18頁	20頁	24頁	22頁	14頁	14頁	14頁

※表紙や白紙の頁を除く。

難易度

　センター試験では概ね 60 点台の平均点を目指して作成されていると言われていましたが，実際に，平均点が 50 点台になった年度は「難化した」と言われることが多かったです。特に『数学Ⅱ・数学Ｂ』は近年難しく，50 点前後の平均点が続いていました。

　第 2 回プレテストでは，いずれの科目も **5 割程度の平均得点率**を目指して作成されましたが，公表された分析結果によると，数学ではそれよりもかなり低い平均点となりました。プレテストは 11 月に実施されたため，実際の試験がある 1 月までに学力が伸びることも考えると，通常よりは低めの平均点になっている面もありますが，「数学的な問題発見・解決の全過程を重視して出題したが，それに伴う認知的な**負荷がまだ高かったものと考えられる**」と発表されました。

　そのため，「共通問題において，**数学的な問題発見・解決の過程の全過程を問う問題は，大問もしくは中問 1 題程度**とし，他の問題は，過程の一部を問うものにする」，「思考に必要な時間が確保できるよう，**文章を読解するために要する時間を試行調査よりも軽減**する」などとされました。

　2021 年度の共通テストでは，難易度がもう少し易しめに調整され，大多数が受験した第 1 日程の平均点はいずれも 50 点台となりました。とはいえ，今後も根本的には場面設定や設問形式による難化は避けられないものと覚悟して臨む方がよいと思われます。本書で掲載しているオリジナル問題もそれに準じた設定・形式で作成しています。

● 平均点の比較

平均点	2021 第 1 日程	2021 第 2 日程	第 2 回 プレテスト	第 1 回 プレテスト	2020 本試験	2019 本試験	2018 本試験
数学Ⅰ・数学Ａ	57.69 点	39.62 点	30.74 点	―	51.88 点	59.68 点	61.91 点
数学Ⅱ・数学Ｂ	59.93 点	37.40 点	35.49 点	―	49.03 点	53.21 点	51.07 点

※第 2 回プレテストは，受検者のうち 3 年生の平均点（『数学Ⅰ・数学Ａ』は記述式を除く 85 点を満点とした平均点）。

第1章

数と式

第1章　数と式　　　傾向分析

　センター試験では，近年は第1問の中間〔1〕で「無理数」や「式の値」などについて，中間〔2〕で「必要条件と十分条件」を中心に「集合と論理」についての出題があり，各10点程度のウェイトとなっていました。

　プレテストではやや扱いが低くなり，第1回プレテストでは，大問・中問での出題はなく，他の分野の大問の中で，「集合と論理」の内容が融合的に問われました（これらについては他章で取り扱います）。一方，第2回プレテストでは，中問として出題されました。

　2021年度本試験では，第1問〔1〕で10点分が出題されました。第1日程では「2次方程式」や「式の値」について，第2日程では「絶対値を含む不等式」「集合」について出題されましたが，センター試験で頻繁に見られた「必要条件と十分条件」が出題されませんでした。

　センター試験と比べて，この分野の扱いが減ったとはいえ，もとより「数と式」の分野は他の分野の基礎となる部分ですので，式の展開や因数分解，不等式なども含めてしっかりと固めておく必要があります。また，「必要条件と十分条件」についても，第1回プレテストでも他分野と融合的に扱われていることから，引き続き十分な対策をしておきたいものです。

● 出題項目の比較（数と式）

試　験	大　問	出題項目	配　点
2021本試験 （第1日程）	第1問〔1〕 （実戦問題）	2次方程式，式の値（会話）	10点
2021本試験 （第2日程）	第1問〔1〕	絶対値を含む不等式で定められる集合	10点
参考問題例	問題例1〔1〕〔2〕 （演習問題1－1）	無理数，2次方程式	—
第2回プレテスト	第1問〔1〕	無理数，集合，命題	8点
第1回プレテスト	第1問〔2〕(3)・(7) （演習問題3－2） 第4問(2)の(i) （演習問題7－2）	命題，必要条件と十分条件（会話，考察，図形と計量との融合） 命題，必要条件と十分条件（会話，ICT活用，考察，図形の性質との融合）	—

2020 本試験	第1問〔1〕	2次不等式	10点
	第1問〔2〕	集合，命題	8点
2019 本試験	第1問〔1〕	平方根，絶対値	10点
	第1問〔2〕	命題，必要条件と十分条件	10点
2018 本試験	第1問〔1〕	式の値	10点
	第1問〔2〕	集合，必要条件と十分条件	10点

 ## 学習指導要領における内容と目標（数と式）

　数を実数まで拡張する意義や集合と命題に関する基本的な概念を理解できるようにする。また，式を多面的にみたり処理したりするとともに，一次不等式を事象の考察に活用できるようにする。

ア．数と集合

　（ア）実　数

　　数を実数まで拡張する意義を理解し，簡単な無理数の四則計算をすること。

　（イ）集　合

　　集合と命題に関する基本的な概念を理解し，それを事象の考察に活用すること。

イ．式

　（ア）式の展開と因数分解

　　二次の乗法公式及び因数分解の公式の理解を深め，式を多面的にみたり目的に応じて式を適切に変形したりすること。

　（イ）一次不等式

　　不等式の解の意味や不等式の性質について理解し，一次不等式の解を求めたり一次不等式を事象の考察に活用したりすること。

演習問題 1 ― 1　　　◆　　問　題

参考問題例1〔1〕〔2〕　（〔1〕は改題）

〔1〕　次の問題に対する解答には誤った式変形が含まれている。誤りである式変形を次の①～④のうちから一つ選べ。　 ア

| 問題 |　a を実数とするとき，次の式を簡単にせよ。

(1)　$\sqrt{a^2+2a+1}$

(1)の解答
$$\sqrt{a^2+2a+1}_{(\text{あ})}$$
$$=\sqrt{(a+1)^2}_{(\text{い})}$$
$$=a+1_{(\text{う})}$$

(2)　$\sqrt{a^4+2a^2+1}$

(2)の解答
$$\sqrt{a^4+2a^2+1}_{(\text{え})}$$
$$=\sqrt{(a^2+1)^2}_{(\text{お})}$$
$$=a^2+1_{(\text{か})}$$

①　(あ)から(い)への式変形
②　(い)から(う)への式変形
③　(え)から(お)への式変形
④　(お)から(か)への式変形

〔2〕　1 より大きい実数 x に対して，縦の長さが 1 で横の長さが x である長方形を考える。この長方形の中に，下の図のように 1 辺の長さが 1 の正方形を敷き詰める。このとき，残った長方形がもとの長方形と相似であるような x のことを一般に貴金属比という。特に，敷き詰めた正方形が 1 個のときは黄金比，2 個のときは白銀比，3 個のときは青銅比と呼ばれている。

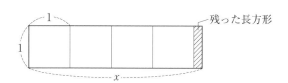

　　　次の問いに答えよ。ただし，必要に応じて次ページの平方根の表を用いてもよい。

(1)　縦の長さが 1 で横の長さが a である長方形に，1 辺の長さが 1 の正方形を 3 個敷き詰めたとき，残った長方形がもとの長方形と相似であった。
　　　このとき，a の小数部分を求めよ。

$$\frac{\sqrt{\boxed{イウ}}-\boxed{エ}}{2}$$

(2)　縦の長さが 1 で横の長さが b である長方形に，1 辺の長さが 1 の正方形を 9 個敷き詰めたとき，残った長方形がもとの長方形と相似であった。
　　　このとき，b の小数部分を，小数第 4 位を四捨五入して小数第 3 位まで求めよ。

$$0.\boxed{オカキ}$$

(3)　縦の長さが 1 で横の長さが c である長方形に，1 辺の長さが 1 の正方形を n 個敷き詰めたとき，残った長方形がもとの長方形と相似であった。また，c の小数部分を，小数第 4 位を四捨五入して小数第 3 位まで求めたところ，0.162 であった。
　　　このとき，n を求めよ。

$$n=\boxed{ク}$$

平 方 根 の 表

n	$\sqrt{n}$	n	$\sqrt{n}$	n	$\sqrt{n}$	n	$\sqrt{n}$
1	1.0000	26	5.0990	51	7.1414	76	8.7178
2	1.4142	27	5.1962	52	7.2111	77	8.7750
3	1.7321	28	5.2915	53	7.2801	78	8.8318
4	2.0000	29	5.3852	54	7.3485	79	8.8882
5	2.2361	30	5.4772	55	7.4162	80	8.9443
6	2.4495	31	5.5678	56	7.4833	81	9.0000
7	2.6458	32	5.6569	57	7.5498	82	9.0554
8	2.8284	33	5.7446	58	7.6158	83	9.1104
9	3.0000	34	5.8310	59	7.6811	84	9.1652
10	3.1623	35	5.9161	60	7.7460	85	9.2195
11	3.3166	36	6.0000	61	7.8102	86	9.2736
12	3.4641	37	6.0828	62	7.8740	87	9.3274
13	3.6056	38	6.1644	63	7.9373	88	9.3808
14	3.7417	39	6.2450	64	8.0000	89	9.4340
15	3.8730	40	6.3246	65	8.0623	90	9.4868
16	4.0000	41	6.4031	66	8.1240	91	9.5394
17	4.1231	42	6.4807	67	8.1854	92	9.5917
18	4.2426	43	6.5574	68	8.2462	93	9.6437
19	4.3589	44	6.6332	69	8.3066	94	9.6954
20	4.4721	45	6.7082	70	8.3666	95	9.7468
21	4.5826	46	6.7823	71	8.4261	96	9.7980
22	4.6904	47	6.8557	72	8.4853	97	9.8489
23	4.7958	48	6.9282	73	8.5440	98	9.8995
24	4.8990	49	7.0000	74	8.6023	99	9.9499
25	5.0000	50	7.0711	75	8.6603	100	10.0000

演習問題 1 － 1 ◆ 解答解説

解答記号	ア	$\dfrac{\sqrt{イウ}-エ}{2}$	0. オカキ	ク
正　解	②	$\dfrac{\sqrt{13}-3}{2}$	0.110	6
チェック	✓			

〔1〕《誤った式変形》

(1), (2)のいずれの解答においても，2行目まで（(あ)から(い)，(え)から(お)）の式変形は正しい。一方

$$\sqrt{x^2}=|x|=\begin{cases} x & (x\geqq 0\ \text{のとき}) \\ -x & (x<0\ \text{のとき}) \end{cases}$$

であるから，2行目から3行目への変形は，それぞれ $a+1$，a^2+1 の符号を確認しなければならない。

(1)の方は，$a+1$ が 0 以上とは限らないため，(う)に相当する式は，場合分けして $a\geqq -1$ のとき $a+1$，$a<-1$ のとき $-a-1$ と表すか，絶対値を用いて $|a+1|$ と表さねばならない。

(2)の方は，実数 a に対してつねに $a^2+1>0$ となるため，2行目から3行目への変形（(お)から(か)）も正しい。

よって，式変形が誤りであるのは

　　② (い)から(う)への式変形　→ ア

である。

◆**解　説**◆

　本問は，いくつかの式変形のうちから誤った式変形を選ぶ問題である。ここでは，根号（ルート）についての正確な理解が要求される。そこで，まずは定義を確認しておこう。

> 正の実数 A に対して，$\sqrt{A}$ とは，2乗すると A となる<u>正の数</u>のこと，つまり，$x^2=A$，$x>0$ を満たす数のことである。また，$\sqrt{0}$ は 0 と定める。

　この定義をふまえた上で，$\sqrt{(-3)^2}$ の値を考えてみよう。$(-3)^2=9$ であるから，$\sqrt{(-3)^2}=\sqrt{9}$ であり，$\sqrt{9}$ とは2乗すると9になる<u>正の数</u>であるから，その値は -3 ではなく3である。

　一般に，B を正の数としたとき，$\sqrt{(-B)^2}=B$ であるから，$-B$ を A とおくこと

で，$A<0$ のとき $\sqrt{A^2}=-A$ であることがわかる。一方，$A\geqq0$ のときは $\sqrt{A^2}=A$ であるので，

$$\sqrt{A^2}=\begin{cases} A & (A\geqq0 \text{ のとき}) \\ -A & (A<0 \text{ のとき}) \end{cases}$$

が成り立つ。この右辺は A の絶対値 $|A|$ のことでもある。

　本問では，a が実数という設定であるが，正しい式変形は，どのような実数 a に対しても等号で結び付けられている両辺の値が等しくなければならない。ある実数 a に対して等号が成り立たない場合には，式変形としては誤りである。

〔2〕 《貴金属比》　　　　　　　　　　　　実用設定

(1) 相似であるという条件から

$$a:1=1:(a-3)$$
$$a(a-3)=1\cdot1$$
$$a^2-3a-1=0$$

が成り立つ。

$a>3$ より　　$a=\dfrac{3+\sqrt{13}}{2}$

ここで，$3<\sqrt{13}<4$ より　　$3<a<\dfrac{7}{2}$

よって，a の整数部分は 3 であるから，小数部分は

$$a-3=\frac{\sqrt{13}-3}{2} \quad \rightarrow \text{イウエ}$$

(2) (1)と同様に考えて

$$b:1=1:(b-9) \qquad b^2-9b-1=0$$

が成り立つ。

$b>9$ より　　$b=\dfrac{9+\sqrt{85}}{2}$

ここで，平方根の表より $\sqrt{85}\fallingdotseq9.2195$ であるから

$$b\fallingdotseq\frac{9+9.2195}{2}=9.10975\fallingdotseq9.110$$

よって，b の小数部分を，小数第4位を四捨五入して小数第3位まで求めると

$$0.110 \quad \rightarrow \text{オカキ}$$

(3)　(1)と同様に考えて

$$c : 1 = 1 : (c - n) \qquad c^2 - nc - 1 = 0$$

が成り立つ。

$c > n$ より　　$c = \dfrac{n + \sqrt{n^2 + 4}}{2}$

c の整数部分を M とすると，小数部分は $c - M$ で，その小数第 4 位を四捨五入して小数第 3 位まで求めたものが 0.162 であるから

$$0.1615 \leqq c - M < 0.1625$$

が成り立つ。これより

$$0.323 \leqq 2c - 2M < 0.325$$

つまり

$$0.323 \leqq n + \sqrt{n^2 + 4} - 2M < 0.325$$

$$2M - n + 0.323 \leqq \sqrt{n^2 + 4} < 2M - n + 0.325$$

が成り立つ。

$2M - n$ は整数であるから，$k = 2M - n$ とおくと

$$k + 0.323 \leqq \sqrt{n^2 + 4} < k + 0.325$$

となり，これは $\sqrt{n^2 + 4}$ の小数部分が 0.323 以上 0.325 未満であることを意味する。

n	1	2	3	4	5	6	7	8	9
$n^2 + 4$	5	8	13	20	29	40	53	68	85
$\sqrt{n^2 + 4}$ の小数部分	0.2361	0.8284	0.6056	0.4721	0.3852	0.3246	0.2801	0.2462	0.2195

平方根の表より，$\sqrt{n^2 + 4}$ の小数部分が 0.323 以上 0.325 未満である n は

$$n = 6 \quad \rightarrow \text{ク}$$

のみである。

解　説

　実数 x に対して，x 以下の最大の整数のことを x の整数部分といい，ガウス記号 $[\ ]$ を用いて $[x]$ と表す。つまり，$[x]$ は，$n \leqq x < n + 1$ を満たす整数 n のことである。よって，実数 x の小数部分とは，$x - [x]$ のことである。

　本問は，平方根の表も用いて，3 つの実数 a，b，c の小数部分を考える問題である。2 つの長方形が相似になるという条件から，2 次方程式を自分で立式し，その正の実数解についての値の評価を行う。

　黄金比や白銀比などの貴金属比は，数学と芸術とが融合する話題であり，日常生活や社会の身近な題材を数理的に捉えることができるかが問われている。

演習問題 1－2

◆　問　題

オリジナル問題

　花子さんと太郎さんは，因数分解について先生に質問している。三人の会話を読んで，下の問いに答えよ。

花子：多項式における展開の計算は時間をかければ必ずできます。
　　　一方で，因数分解は簡単な多項式であればどのようにすればよいかわかりますが，複雑な場合はどのように因数分解すればよいかがすぐにわからない場合も多いです。

先生：そうですね。たとえば，x^2-2 は $(x-\sqrt{2})(x+\sqrt{2})$ と変形できますが，この $x-\sqrt{2}$ や $x+\sqrt{2}$ のように，すべての係数が整数というわけではありません。

太郎：この $\sqrt{2}$ が無理数であることは背理法で示せますよね。
　　　したがって，$\sqrt{2}$ は整数ではないですね。

---

(1)　次の⓪～⑨のうちから無理数を二つ選べ。ただし，解答の順序は問わない。
　　　ア ， イ

⓪　3.6
①　$\dfrac{\sqrt{18}}{\sqrt{2}}$
②　$\dfrac{3}{6}$
③　0
④　-0.6

⑤　0.12345
⑥　$\dfrac{\sqrt{24}}{\sqrt{3}}$
⑦　-0.12345
⑧　$\dfrac{4}{3}$
⑨　$-\dfrac{\sqrt{5}}{2}$

(2)　有理数と無理数について，次の⓪～⑥のうちから正しいものを四つ選べ。ただし，解答の順序は問わない。　ウ ， エ ， オ ， カ

⓪　2つの無理数の和は常に無理数である。
①　2つの有理数の差は常に有理数である。
②　有理数と無理数をかけると常に無理数になる。
③　無理数を2乗すると常に有理数になる。
④　有理数を2乗すると常に有理数になる。
⑤　無理数と有理数の和は常に無理数である。
⑥　無理数と無理数をかけると無理数になることがある。

先生：すべての係数が整数である多項式を整数係数多項式といいます。

　　　ここでは，整数係数多項式の積に分解できることを"因数分解"できると

　　　いい，そうでない場合は，"因数分解"できないということにします。し

　　　たがって，$x^2 - 2$ は"因数分解"できないとします。

　　　すると，たとえば $a^2 + 2ab + b^2 + 3$ は"因数分解"できませんが，

　　　$a^2 + 2ab + b^2 - \boxed{\ *\ }$ は"因数分解"できます。

太郎：$a^2 + 8ab + 5b^2$ は"因数分解"できませんが，$a^2 + 8ab + \boxed{\text{サ}}\, b^2$ は"因数

　　　分解"できますし，$a^2 + 8ab + \boxed{\text{シス}}\, b^2$ も"因数分解"できますね。

(3)　$\boxed{\ *\ }$ に当てはまる正の整数として適するものを，次の ⓪ ～ ⑨ のうちから四つ
　　選べ。ただし，解答の順序は問わない。$\boxed{\text{キ}}$，$\boxed{\text{ク}}$，$\boxed{\text{ケ}}$，$\boxed{\text{コ}}$

　　⓪　1　　　　　　① 2　　　　　　② 4　　　　　　③ 5　　　　　　④ 7

　　⑤　8　　　　　　⑥ 9　　　　　　⑦ 12　　　　　 ⑧ 16　　　　　 ⑨ 27

(4)　$\boxed{\text{サ}}$ に当てはまる 1 桁の正の整数を答えよ。

(5)　$\boxed{\text{シス}}$ に当てはまる 2 桁の正の整数のうち，最大の数を答えよ。

> 先生：次に，x^4+4 を"因数分解"してみてください。
>
> 花子："因数分解"できそうにありません。x^4+4x^2+4 なら"因数分解"できるのに。
>
> 太郎：x^4+4x^2+4 をもとにして考えることができそうです。
>
> $$x^4+4 = x^4+4x^2+4- \boxed{\text{セ}}\,x^2$$
> $$= (x^2- \boxed{\text{ソ}}\,x+ \boxed{\text{タ}}\,)(x^2+ \boxed{\text{チ}}\,x+ \boxed{\text{ツ}}\,)$$
>
> と"因数分解"できます。

(6)　$\boxed{\text{セ}}$ ～ $\boxed{\text{ツ}}$ に当てはまる数を答えよ。

(7)　上で x^4+4 を"因数分解"したときと同じ発想を用いて，x^4-3x^2+9 を"因数分解"すると

$$x^4-3x^2+9 = (\boxed{\text{テ}})(\boxed{\text{ト}})$$

となる。

　$\boxed{\text{テ}}$，$\boxed{\text{ト}}$ に当てはまるものを，次の ⓪～⑨ のうちからそれぞれ一つずつ選べ。ただし，解答の順序は問わない。

⓪　x^2+x+3 　　　　① x^2-x+3 　　　　② x^2+3x+3

③　x^2-3x+3 　　　　④ x^2+x-3 　　　　⑤ x^2-x-3

⑥　x^2+3x-3 　　　　⑦ x^2-3x-3 　　　　⑧ x^2-x-9

⑨　x^2+x-1

先生：よくできました。それでは，最後に難しい問題を出します。

$$a^4 + b^4 + c^4 - 2a^2b^2 - 2b^2c^2 - 2c^2a^2$$ を "因数分解" してください。

太郎：難しいです。$a^2 = A$, $b^2 = B$, $c^2 = C$ とおいてやろうと思いましたが，なかなかうまくいかなかったです。ヒントをください。

先生：確かに，そのような文字の置き換えをしたくなる気持ちもわかりますが，今回はそれでは成功しません。

　　　どの文字についても同じ次数ですから，どれでもよいので 1 つの文字について整理してみるとうまくいくことが多いですよ。

太郎：たとえば，a について降べきの順に整理してみると

$$a^4 + b^4 + c^4 - 2a^2b^2 - 2b^2c^2 - 2c^2a^2$$
$$= a^4 - \boxed{ナ}(b^2 + c^2)\,a^2 + (b^4 - 2b^2c^2 + c^4)$$

と変形できますね。

先生：そして，a についての定数項をうまく変形してみてください。

太郎：うまくいきそうな気がしてきました。

$$a^4 - \boxed{ナ}(b^2 + c^2)\,a^2 + (b^4 - 2b^2c^2 + c^4)$$
$$= a^4 - \boxed{ナ}(b^2 + c^2)\,a^2 + (b^2 + c^2)^2 - \boxed{ニ}\,b^2c^2$$
$$= \{a^2 - (b^2 + c^2)\}^2 - (\boxed{ヌ}\,bc)^2$$
$$= (a^2 - b^2 - c^2 - \boxed{ネ}\,bc)(a^2 - b^2 - c^2 + \boxed{ノ}\,bc)$$

となります。

先生："因数分解" とは整数係数多項式の積で表すことですので，それで "因数分解" できたことになっていますが，普通はこれ以上 "因数分解" できない状態まで "因数分解" しておきます。

花子：すると，$\boxed{ハ}$ まで変形できます。

(8) $\boxed{ナ}$ 〜 $\boxed{ノ}$ に当てはまる数を答えよ。また，$\boxed{ハ}$ に当てはまるものを，次の ⓪〜⑥ のうちから一つ選べ。

$\boxed{ハ}$ の解答群：

⓪　$(a + b + c)^2(a - b - c)^2$

①　$(a + b + c)(a - b - c)(a - b + c)^2$

②　$(a + b + c)(a - b - c)(a + b - c)^2$

③　$(a - b - c)(a + b - c)(a - b + c)^2$

④　$(a + b + c)(a - b - c)(a + b - c)(a - b + c)$

⑤　$(a - b - c)(a + b - c)^2(a - b + c)$

⑥　$(a - b - c)^2(a + b - c)(a - b + c)$

演習問題1−2　　　　　◆　解答解説

解答記号	ア，イ	ウ，エ，オ，カ	キ，ク，ケ，コ	サ	シス	−セx^2
正　解	⑥，⑨ (解答の順序は問わない)	①，④，⑤，⑥ (解答の順序は問わない)	⓪，②，⑥，⑧ (解答の順序は問わない)	7	16	$-4x^2$
チェック						

解答記号	$(x^2-$ソ$x+$タ$)(x^2+$チ$x+$ツ$)$	テ，ト	−ナ$(b^2+c^2)a^2$	−ニb^2c^2	−(ヌ$bc)^2$
正　解	$(x^2-2x+2)(x^2+2x+2)$	②，③ (解答の順序は問わない)	$-2(b^2+c^2)a^2$	$-4b^2c^2$	$-(2bc)^2$
チェック					

解答記号	$(a^2-b^2-c^2-$ネ$bc)(a^2-b^2-c^2+$ノ$bc)$	ハ
正　解	$(a^2-b^2-c^2-2bc)(a^2-b^2-c^2+2bc)$	④
チェック		

《有理数と無理数，因数分解》　　　会話設定

(1)　無理数とは，「有理数でない実数」である。有理数は，$\dfrac{整数}{自然数}$ で表すことのでき

る数である。ここで，注意したいことは，小数や分数というのは，数の表記の手段

であるということである。このことに注意して選択肢を順にみていくと

⓪　$3.6 = \dfrac{36}{10}$ と表すことができるので**有理数**である。

①　$\dfrac{\sqrt{18}}{\sqrt{2}} = \sqrt{9} = \dfrac{3}{1}$ と表すことができるので**有理数**である。

②　$\dfrac{3}{6}$ は**有理数**である。

③　$0 = \dfrac{0}{1}$ と表すことができるので**有理数**である。

④　$-0.6 = \dfrac{-6}{10}$ と表すことができるので**有理数**である。

⑤　$0.12345 = \dfrac{12345}{100000}$ と表すことができるので**有理数**である。

⑥　$\dfrac{\sqrt{24}}{\sqrt{3}} = \sqrt{8} = 2\sqrt{2}$ は $\sqrt{2}$ が無理数であることから，**無理数**である。

⑦　$-0.12345 = \dfrac{-12345}{100000}$ と表すことができるので**有理数**である。

⑧　$\dfrac{4}{3}$ は**有理数**である。

⑨　$-\dfrac{\sqrt{5}}{2}$ は $\sqrt{5}$ が無理数であることから，**無理数**である。

以上より，⑥，⑨ が当てはまる。　→**アイ**

(2)　有理数・無理数に関する記述についての正誤を問う問題である。選択肢を順にみていくと

⓪　「2つの無理数の和は常に無理数である」に関しては，$\sqrt{2}$，$-\sqrt{2}$ はともに無理数であるが，それらの和 $\sqrt{2}+(-\sqrt{2})=0$ は有理数であるから，「和は常に無理数である」わけではなく，**正しくない**。

①　「2つの有理数の差は常に有理数である」に関しては，2つの有理数を $\dfrac{p}{q}$，$\dfrac{r}{s}$

$\left(\dfrac{p}{q}\leqq\dfrac{r}{s}，p と r は整数であり，q と s は自然数\right)$ とすると，その差は

$$\frac{r}{s}-\frac{p}{q}=\frac{qr}{qs}-\frac{ps}{qs}=\frac{qr-ps}{qs}$$

となり，これは有理数であるから，**正しい**。

②　「有理数と無理数をかけると常に無理数になる」に関しては，有理数 0 と無理数の積は 0 となり，これは有理数であるから，「常に無理数になる」わけではなく，**正しくない**。

③　「無理数を2乗すると常に有理数になる」に関しては，無理数 $1+\sqrt{2}$ の2乗は

$$(1+\sqrt{2})^2=3+2\sqrt{2}$$

となり，これは無理数であるから，「常に有理数になる」わけではなく，**正しくない**。

④　「有理数を2乗すると常に有理数になる」に関しては，有理数 $\dfrac{p}{q}$（p は整数で

q は自然数）の2乗は

$$\left(\frac{p}{q}\right)^2=\frac{p^2}{q^2}$$

となり，これは有理数であるから，「常に有理数になる」から，**正しい**。

有理数同士の四則演算（$+$，$-$，$\times$，$\div$，ただし，0 で割ることはもちろん除く）については，その結果も有理数になる。このことは自由に議論の中で使えるようになることが望ましい。

⑤　「無理数と有理数の和は常に無理数である」に関しては，**正しい**。

無理数と有理数の和が無理数でない場合があるとすると，無理数と有理数の和が有理数になることがあることになるから，この無理数は有理数と有理数の差とな

ってしまう。有理数同士の差は有理数であるので，これは矛盾する。よって，正しい。

⑥ 「無理数と無理数をかけると無理数になることがある」に関しては，**正しい**。

例えば，$\sqrt{2} \times (1+\sqrt{2}) = \sqrt{2}+2$ や $\sqrt{2} \times \sqrt{3} = \sqrt{6}$ などがそうである。他にもいくらでもある。よって，正しい。

以上より，正しいものは①，④，⑤，⑥である。　→ウエオカ

(3)　$a^2 + 2ab + b^2 - \boxed{\ *\ }$ が"因数分解"できる条件は，*が平方数であることである。実際，*が平方数1，4，9，16などであれば

$$a^2 + 2ab + b^2 - 1 = (a+b)^2 - 1^2 = (a+b+1)(a+b-1)$$
$$a^2 + 2ab + b^2 - 4 = (a+b)^2 - 2^2 = (a+b+2)(a+b-2)$$
$$a^2 + 2ab + b^2 - 9 = (a+b)^2 - 3^2 = (a+b+3)(a+b-3)$$
$$a^2 + 2ab + b^2 - 16 = (a+b)^2 - 4^2 = (a+b+4)(a+b-4)$$

と"因数分解"できる。

平方数でない場合は"因数分解"できないが，そのことは次のようにこの命題の対偶を証明することで，論証できる。

"因数分解"できるとすると，その"因数分解"した式で $b=0$ とすると，a のみの整数係数多項式で"因数分解"できたことになる。これは，$a^2 - \boxed{\ *\ }$ が a の多項式として"因数分解"できることになるが，*が平方数でない場合には起こりえない。展開した際，a の1次の係数を0にするには，$(a+\blacksquare)(a-\blacksquare)$ のように，a についての定数項を符号違いのものにするしかなく，すると，展開した際，展開した式の定数項は $-\blacksquare^2$ となるからである。

よって，選択肢のうち当てはまるものは⓪，②，⑥，⑧である。　→キクケコ

(4)　$a^2 + 8ab + \boxed{サ}\,b^2$ のサに1桁の正の整数を順に代入していくと，$a^2 + 8ab + 7b^2$ だけが"因数分解"できる。よって，当てはまる1桁の正の整数は **7** のみである。
　　　　　　　　　　　　　　　　　　　　　　　　　　　　　　　　　　　　→サ

あるいは，ab の係数8を2つの自然数の和で表したとき，その2数の組合せとしては

$$1+7, \quad 2+6, \quad 3+5, \quad 4+4$$

しかなく，積が1桁になるのは，1+7 の場合の $1 \times 7 = 7$ のみである。

(5)　$a^2 + 8ab + \boxed{シス}\,b^2 = (a+pb)(a+qb)$ と"因数分解"したとき，p，q は整数で，$p+q=8$，$pq = \boxed{シス}$ を満たす。

$pq>0$，$p+q=8$ を満たす整数 p，q の組合せとしては

$$1+7, \quad 2+6, \quad 3+5, \quad 4+4$$

しかなく，積が2桁で最大になるのは，$p=q=4$ の場合である。したがって，$4 \times 4 = 16$ が当てはまる。　→シス

(6) $\quad x^4 + 4 = x^4 + \underline{4x^2} + 4 - \underline{4x^2}$　→セ
$$= (x^2+2)^2 - (2x)^2 = \{(x^2+2)-2x\}\{(x^2+2)+2x\}$$
$$= (x^2 - 2x + 2)(x^2 + 2x + 2)\quad →ソタチツ$$

と"因数分解"できる。

(7) $\quad x^4 - 3x^2 + 9 = x^4 + 6x^2 + 9 - \underline{9x^2}$
$$= (x^2+3)^2 - (3x)^2 = \{(x^2+3)+3x\}\{(x^2+3)-3x\}$$
$$= (x^2+3x+3)(x^2-3x+3)$$

よって，当てはまるものは②，③である。　→テト

(8) $\quad a^4 + b^4 + c^4 - 2a^2b^2 - 2b^2c^2 - 2c^2a^2$
$$= a^4 - 2(b^2+c^2)a^2 + (b^4 - 2b^2c^2 + c^4)\quad →ナ$$
$$= a^4 - 2(b^2+c^2)a^2 + (b^2+c^2)^2 - 4b^2c^2\quad →ニ$$
$$= \{a^2 - (b^2+c^2)\}^2 - (2bc)^2\quad →ヌ$$
$$= (a^2 - b^2 - c^2 - 2bc)(a^2 - b^2 - c^2 + 2bc)\quad →ネノ$$

と"因数分解"できる。
$$(a^2 - b^2 - c^2 - 2bc)(a^2 - b^2 - c^2 + 2bc)$$
$$= \{a^2 - (b^2 + 2bc + c^2)\}\{a^2 - (b^2 - 2bc + c^2)\}$$
$$= \{a^2 - (b+c)^2\}\{a^2 - (b-c)^2\}$$
$$= (a+b+c)(a-b-c)(a+b-c)(a-b+c)$$

まで"因数分解"できるので，ハに当てはまるものは④である。　→ハ

解　説

　易しめの因数分解からやや難しめの因数分解までを扱った問題である。空欄を埋める誘導にうまくのって要領よく解答していこう。途中で行き詰まっても，下に式が続いている場合には，下の式を参考にして空欄を埋めることも考えよう。式を見る際，「次数に着目する」，「1つの文字について整理する」，「式の構造に注目する（複2次式になっているなど）」といった観点から式変形していこう。典型的な式の変形の仕方をきちんとマスターしよう。

演習問題 1 ─ 3 ◆ 問題

オリジナル問題

　ある日，太郎さんと花子さんのクラスでは，数学の授業で先生から次のような宿題が出された。

　宿題　xに関する次の条件p, q, rを考える。aは0でない実数とする。

$$p：2x+7 \geqq 0$$
$$q：3x-13 < 0$$
$$r：ax-3 \leqq 0$$

(i) pかつqを満たす整数xは何個あるか求めよ。

(ii) pかつqかつrを満たす整数xの個数が，(i)で求めた個数より1個だけ少なくなるようなaの条件を求めよ。

　太郎さんと花子さんは宿題について話し合っている。次の問いに答えよ。

太郎：条件pを満たす実数xは$x \geqq \dfrac{\boxed{アイ}}{\boxed{ウ}}$だね。

花子：条件qを満たす実数xは$x < \dfrac{\boxed{エオ}}{\boxed{カ}}$だから，条件$p$, qをともに満たす

　　　実数xは

$$\dfrac{\boxed{アイ}}{\boxed{ウ}} \leqq x < \dfrac{\boxed{エオ}}{\boxed{カ}} \quad \cdots\cdots①$$

　　　となるね。

太郎：よって，①を満たす整数xの個数を数えて，(i)の答えは$\boxed{キ}$個となるよ。次は(ii)だ。

花子：条件rを満たす実数xは

$$a>0 \text{のとき，} \boxed{ク} \quad \cdots\cdots②$$
$$a<0 \text{のとき，} \boxed{ケ} \quad \cdots\cdots③$$

　　　となるよ。

---

(1)　$\boxed{ア}$〜$\boxed{キ}$に当てはまる数を答えよ。また，$\boxed{ク}$, $\boxed{ケ}$に当てはまるものを，次の⓪〜⑦のうちから一つずつ選べ。

ク , ケ の解答群：

⓪ $x \leqq \dfrac{3}{a}$　　　① $x < \dfrac{3}{a}$　　　② $x \geqq \dfrac{3}{a}$　　　③ $x > \dfrac{3}{a}$

④ $x \leqq \dfrac{a}{3}$　　　⑤ $x < \dfrac{a}{3}$　　　⑥ $x \geqq \dfrac{a}{3}$　　　⑦ $x > \dfrac{a}{3}$

1
–
3

太郎：条件 r を満たす実数 x の範囲を表現する式の形が，a の符号によって異なるので，$a>0$ と $a<0$ の 2 つの場合に分けて(ii)を考えよう。

花子：そうしましょう。

太郎：$a>0$ の場合，p かつ q かつ r を満たす整数 x が（ キ －1）個となるとき，その整数 x は

$$x = \boxed{\text{コ}}$$

であり，p かつ q かつ r を満たす整数 x が（ キ －1）個となる a の条件は

$$\boxed{\text{サ}} \leqq \dfrac{3}{a} < \boxed{\text{シ}} \quad \cdots\cdots ④$$

です。

花子：$a>0$ のもとで④を満たす a の範囲が，$a>0$ における a の条件となるね。

---

(2) コ に当てはまるものを，次の⓪～⑦のうちから一つ選べ。

⓪ $-3,\ -2,\ -1,\ 0,\ 1,\ 2,\ 3$　　　① $-2,\ -1,\ 0,\ 1,\ 2,\ 3,\ 4$

② $-3,\ -2,\ -1,\ 0,\ 1,\ 2,\ 3,\ 4$　　　③ $-4,\ -3,\ -2,\ -1,\ 0,\ 1,\ 2,\ 3$

④ $-3,\ -2,\ -1,\ 0,\ 1,\ 2$　　　⑤ $-2,\ -1,\ 0,\ 1,\ 2,\ 3$

⑥ $-3,\ -2,\ -1,\ 0,\ 1,\ 2,\ 3,\ 4,\ 5$

⑦ $-4,\ -3,\ -2,\ -1,\ 0,\ 1,\ 2,\ 3,\ 4$

(3) サ , シ に当てはまる数を答えよ。

(4) $\dfrac{3}{a} = \boxed{\text{シ}}$ のとき，p かつ q かつ r を満たす整数 x の平均値は $\dfrac{\boxed{\text{ス}}}{\boxed{\text{セ}}}$ である。

ス , セ に当てはまる数を答えよ。

太郎：$a<0$ のときは，③に注意して先ほどと同様に考えると，p かつ q かつ r
を満たす整数 x が（ キ -1）個となる a の条件は，ソ となるね。

花子：あとは，$a>0$ のときの a の範囲と $a<0$ のときの a の範囲の タ が(ii)
の答えとなるのね。

(5) ソ に当てはまるものを，次の⓪～⑦のうちから一つ選べ。

⓪ $-\dfrac{3}{2}\leqq a<-1$ ① $-3\leqq a<-1$ ② $-\dfrac{3}{2}<a\leqq -1$ ③ $-3<a\leqq -1$

④ $-1\leqq a<-\dfrac{3}{4}$ ⑤ $-2\leqq a<-1$ ⑥ $-1<a\leqq -\dfrac{3}{4}$ ⑦ $-2<a\leqq -1$

(6) タ に当てはまるものを，次の⓪，①のうちから一つ選べ。

⓪ 共通部分 ① 和集合

太郎：では，条件 r が条件 $s：ax-3<0$ に変わったらどうかな？
つまり，p かつ q かつ s を満たす整数 x が（ キ -1）個となる a の条
件はどうなるかな？

花子：その場合の a の条件は

$$-\dfrac{3}{2}\ \boxed{チ}\ a\ \boxed{ツ}\ -1\ \text{ または }\ \dfrac{3}{4}\ \boxed{テ}\ a\ \boxed{ト}\ 1$$

となるわね。

(7) チ ，ツ ，テ ，ト に当てはまるものを，次の⓪，①のうちから
一つずつ選べ。ただし，同じものを選んでもよい。

⓪ $\leqq$ ① $<$

演習問題 **1 − 3** 　　　　解答解説

解答記号	$\dfrac{\text{アイ}}{\text{ウ}}$	$\dfrac{\text{エオ}}{\text{カ}}$	キ	ク	ケ	コ	サ$\leq\dfrac{3}{a}<$シ	$\dfrac{\text{ス}}{\text{セ}}$	ソ	タ	チ, ツ, テ, ト
正　解	$\dfrac{-7}{2}$	$\dfrac{13}{3}$	8	⓪	②	⓪	$3\leq\dfrac{3}{a}<4$	$\dfrac{1}{2}$	⓪	①	①, ⓪, ⓪, ① (それぞれマークして正解)
チェック											

1 − 3

《連立 1 次不等式の整数解の個数》　　　　　　　　　　　会話設定

(1)　条件 $p : 2x+7\geq0$ を満たす実数 x は

$$2x\geq-7 \quad より \quad x\geq\frac{-7}{2} \quad →アイウ$$

である。

条件 $q : 3x-13<0$ を満たす実数 x は

$$3x<13 \quad より \quad x<\frac{13}{3} \quad →エオカ$$

である。

したがって, p と q をともに満たす実数 x は

$$-\frac{7}{2}\leq x<\frac{13}{3} \quad \cdots\cdots①$$

である。①を満たす整数 x は

$$x=-3, \ -2, \ -1, \ 0, \ 1, \ 2, \ 3, \ 4$$

の 8 個である。これが(i)の答えである。　→キ

条件 $r : ax-3\leq0$ を満たす実数 x は

$$ax\leq3 \quad より \quad \begin{cases} a>0 \ のとき, \ x\leq\dfrac{3}{a} \quad \cdots\cdots② \\[2mm] a<0 \ のとき, \ x\geq\dfrac{3}{a} \quad \cdots\cdots③ \end{cases}$$

である。ク, ケに当てはまるものは, それぞれ⓪, ②である。　→クケ

(2)　$a>0$ のとき, 条件 r を満たす実数 x は $x\leq\dfrac{3}{a}$ であるから, p かつ q かつ r を満た
す整数の個数が p かつ q を満たす整数の個数より 1 個だけ少なくなるには, p かつ
q を満たし r を満たさない整数 x を p かつ q を満たす整数のうち最大である $x=4$
とすればよい。

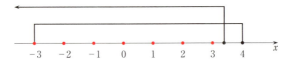

p かつ q かつ r を満たす整数 x が（ キ -1）＝$8-1$＝7 個となるとき，その整数 x は

　　　⓪　x＝-3，-2，-1，0，1，2，3　→コ

である。

(3)　p かつ q かつ r を満たす整数 x が 7 個となる a（>0）の条件は

　　　$3\leqq\dfrac{3}{a}<4$　……④　→サシ

であり，$a>0$ においてこれを満たす a は

　　　$\dfrac{3}{4}<a\leqq1$

である。

(4)　$\dfrac{3}{a}=4$ のとき，条件 r を満たす実数 x の範囲は $x\leqq4$ であるから，p かつ q かつ r

を満たす整数 x は

　　　x＝-3，-2，-1，0，1，2，3，4

の 8 個であるから，これらの平均値は

　　　$\dfrac{(-3)+(-2)+(-1)+0+1+2+3+4}{8}=\dfrac{1}{2}$　→スセ

(5)　$a<0$ のとき，条件 r を満たす実数 x は $x\geqq\dfrac{3}{a}$ であるから，p かつ q かつ r を満た

す整数の個数が p かつ q を満たす整数の個数より 1 個だけ少なくなるには，p かつ

q を満たし r を満たさない整数 x を p かつ q を満たす整数のうち最小である

x＝-3 とすればよい。

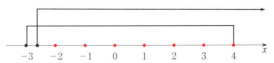

p かつ q かつ r を満たす整数 x が 7 個となる a（<0）の条件は

　　　$-3<\dfrac{3}{a}\leqq-2$

であり，$a<0$ において，これを満たす a は

⓪　$-\dfrac{3}{2}\leqq a<-1$　→ソ

である。

(6)　タに当てはまるものは，「①和集合」である。　→タ
　　よって，(ii)の答えは

$$-\dfrac{3}{2}\leqq a<-1 \quad または \quad \dfrac{3}{4}<a\leqq1$$

となる。
　　0 でない実数 a を条件を満たすものと満たさないものに分類する問題である。条件 r を考える際，便宜的に a の符号で分けて議論していたわけである（「$a>0$ のエリアにおいては〜が条件を満たす a で…が a を満たさない，$a<0$ のエリアにおいては〜が条件を満たす a で…が a を満たさない」というイメージ）。最終的には，0 でない実数のうち，条件を満たすものをすべて求めるわけであるから，$a>0$ で条件を満たすものと $a<0$ で条件を満たすものの和集合が答えとなる。

(7)　条件 $s:ax-3<0$ を満たす実数 x は

$$ax<3 \quad より \quad \begin{cases} a>0 のとき，x<\dfrac{3}{a} \\ a<0 のとき，x>\dfrac{3}{a} \end{cases}$$

である。
　　p かつ q かつ s を満たす整数 x が 7 個となる a（>0）の条件は

$$3<\dfrac{3}{a}\leqq4 \quad \left(\dfrac{3}{a}=3 のときは不適で，\dfrac{3}{a}=4 のときは適する\right)$$

であり，$a>0$ において，これを満たす a は

$$\dfrac{3}{4}\leqq a<1$$

である。
　　また，p かつ q かつ s を満たす整数 x が 7 個となる a（<0）の条件は

$$-3\leqq\dfrac{3}{a}<-2 \quad \left(\dfrac{3}{a}=-3 のときは適するが，\dfrac{3}{a}=-2 のときは不適\right)$$

であり，$a<0$ において，これを満たす a は

$$-\dfrac{3}{2}<a\leqq-1$$

である。これらの和集合をとって，求める a の条件は

$$-\frac{3}{2}<a\leqq-1 \quad \text{または} \quad \frac{3}{4}\leqq a<1$$

である。よって，**チ**，**ツ**，**テ**，**ト**にはそれぞれ①，⓪，⓪，①が入る。

→**チツテト**

解説

　本問は，連立1次不等式の整数解の個数に関する問題である。まず，係数に文字が入る場合，その"文字で割る"際には注意が必要である。その文字の値が0の場合は，その文字で両辺を割る操作が両辺を「0で割る」操作となるため許されない（本問では，はじめからaを0でない実数としている）。

　次に，不等式においては，両辺を正の値で割ることは可能で，割っても不等号の向きは変わらない。負の値で割ることも可能で，割ると不等号の向きが逆転する。このことに注意して，aの値が正の場合と負の場合で分けて議論しなければならない。数直線でそれぞれの条件を満たす整数xを捉え，aの条件を考える際，$\frac{3}{a}$がどのあたりにあればよいかをはじめは大雑把に考えてから，デリケートな議論を個別にチェックしよう。つまり，不等号に等号が付いていない，都合のよい場合を考えてから，等号を付けてよいかどうかを確認するのである。それを実際にせよという問題が(3)・(4)である。そこでの議論の意義がわかれば，最後の(7)も正しく答えることができる。

演習問題 1 ― 4　　◆　問　題

オリジナル問題

〔1〕　実数 x に関する条件 a, b, c について，集合 A, B, C を

$$A = \{x \mid x \text{ は条件 } a \text{ を満たす}\}$$
$$B = \{x \mid x \text{ は条件 } b \text{ を満たす}\}$$
$$C = \{x \mid x \text{ は条件 } c \text{ を満たす}\}$$

で定める。

(1)　「a が b の必要条件である」ことを集合の関係式で表すと，

$$A \boxed{\text{ ア }} B$$

となる。

　　　$\boxed{\text{ ア }}$ に当てはまるものを，次の ⓪ ～ ⑤ のうちから一つ選べ。

⓪　∩　　　　　　　　①　∪　　　　　　　　②　∈

③　∋　　　　　　　　④　⊂　　　　　　　　⑤　⊃

(2)　「b が c の十分条件である」ことを集合の関係式で表すと，

$$B \boxed{\text{ イ }} C$$

となる。

　　　$\boxed{\text{ イ }}$ に当てはまるものを，次の ⓪ ～ ⑤ のうちから一つ選べ。

⓪　∩　　　　　　　　①　∪　　　　　　　　②　∈

③　∋　　　　　　　　④　⊂　　　　　　　　⑤　⊃

(3)　y, z を実数とするとき，命題「$y+z \neq 5$ ならば（$y \neq 2$ または $z \neq 3$）」は $\boxed{\text{ ウ }}$ である。

　　　$\boxed{\text{ ウ }}$ に当てはまるものを，次の ⓪，① のうちから一つ選べ。

⓪　真　　　　　　　　　　　　　①　偽

〔2〕　実数 x に関する条件 p, q, r を次のように定める。ただし，k は実数とする。

$$p : x^2 - 2x - k \geqq 0$$
$$q : x \leqq -1 \text{ または } 3 \leqq x$$
$$r : 2 \leqq x \leqq 5$$

条件 p の否定を $\bar{p}$ で表し，同様に，条件 q, r の否定をそれぞれ $\bar{q}$, $\bar{r}$ で表すものとする。

　$x=3$ が条件 p を満たすような実数 k の値の範囲は

$$k \leqq \boxed{\text{エ}}$$

である。$k = \boxed{\text{エ}}$ のとき，p を満たす x は $\boxed{\text{オ}}$ ので，このとき，p は q であるための $\boxed{\text{カ}}$。

(1)　$\boxed{\text{エ}}$ に当てはまる数を答えよ。また，$\boxed{\text{オ}}$ に当てはまるものを，次の ⓪ ～ ⑤ のうちから一つ選べ。

　$\boxed{\text{オ}}$ の解答群：

⓪　すべての実数である

①　存在しない

②　$-1 \leqq x \leqq 3$ を満たすすべての実数である

③　$-3 \leqq x \leqq 1$ を満たすすべての実数である

④　$x \leqq -1$ または $3 \leqq x$ を満たすすべての実数である

⑤　$x < -1$ または $3 < x$ を満たすすべての実数である

(2)　$\boxed{\text{カ}}$ に当てはまるものを，次の ⓪ ～ ③ のうちから一つ選べ。

⓪　必要条件ではあるが十分条件ではない

①　十分条件ではあるが必要条件ではない

②　必要条件でも十分条件でもない

③　必要十分条件である

$x=4$ が条件 p を満たすような実数 k の値の範囲は

$$k \leq \boxed{\text{キ}}$$

である。$k=\boxed{\text{キ}}$ のとき，p を満たす x は $\boxed{\text{ク}}$ ので，このとき，

p ならば q は $\boxed{\text{ケ}}$，p ならば $\boxed{\text{コ}}$ は真，$\boxed{\text{サ}}$ ならば q は真

である。

(3)　$\boxed{\text{キ}}$ に当てはまる数を答えよ。また，$\boxed{\text{ク}}$ に当てはまるものを，次の⓪〜
⑤のうちから一つ選べ。

$\boxed{\text{ク}}$ の解答群：

⓪　すべての実数である

①　存在しない

②　$-2 \leq x \leq 4$ を満たすすべての実数である

③　$-4 \leq x \leq 2$ を満たすすべての実数である

④　$x \leq -2$ または $4 \leq x$ を満たすすべての実数である

⑤　$x < -2$ または $4 < x$ を満たすすべての実数である

(4)　$\boxed{\text{ケ}}$ に当てはまるものを，次の⓪，①のうちから一つ選べ。

⓪　真　　　　　　　　　　　　　①　偽

(5)　$\boxed{\text{コ}}$，$\boxed{\text{サ}}$ に当てはまるものを，次の⓪〜⑦のうちから二つずつ選べ。

⓪　p かつ $\bar{r}$　　　　　　　　　①　p または $\bar{r}$

②　$\bar{p}$ かつ r　　　　　　　　　③　$\bar{p}$ または r

④　q かつ $\bar{r}$　　　　　　　　　⑤　q または $\bar{r}$

⑥　$\bar{q}$ かつ r　　　　　　　　　⑦　$\bar{q}$ または r

演習問題 1 − 4　　　◆　解答解説

解答記号	ア	イ	ウ	エ	オ	カ	キ	ク	ケ	コ	サ
正　解	⑤	④	⓪	3	④	③	8	④	⓪	①, ⑤ (2つマークして正解)	⓪, ④ (2つマークして正解)
チェック											

〔1〕《集合の包含関係，対偶》

(1) b ならば a が真のとき，a は b であるための**必要条件**という。b ならば a が真で あるとは，「b を満たすものはもれなく a を満たす」ということである。「b を満た し，かつ a を満たさないものがない」といってもよい。
　このとき，集合 A, B の包含関係を考えると，「b を満たすものはもれなく a を満 たす」ことから，「b を満たすものの集合 B は a を満たすものの集合 A に含まれ る」といえる。つまり，$A \supset B$ が成り立つ。
　アに当てはまるものは⑤である。　→ア
　いわば，必要条件とは他方の条件より "ゆるい" 条件であり，条件が "ゆるい" が ゆえ，その集合は他方の集合より "広い" わけである。

(2) b ならば c が真のとき，b は c であるための**十分条件**という。
　このとき，集合 B, C の包含関係を考えると，「b を満たすものはもれなく c を満 たす」ことから，「b を満たすものの集合 B は，c を満たすものの集合 C に含まれ る」といえる。つまり，$B \subset C$ が成り立つ。
　イに当てはまるものは④である。　→イ
　いわば，十分条件とは他方の条件より "きつい" 条件であり，条件が "きつい" が ゆえ，その集合は他方の集合より "狭い" わけである。

(3) 一般に，命題「p ならば q」に対して，「$\bar{q}$ ならば $\bar{p}$」を元の命題の「対偶」とい う。対偶は元の命題と真偽が一致するため，ある命題の真偽が考えにくいとき，そ の命題の対偶を考えてもよい。
　本問は，実数 y, z に対して，仮定 $y + z \neq 5$ を満たすものがたくさんあり，結論に は，「否定」と「または」が入っているため，結論を満たすものもたくさんある。 そのため，直接，命題の真偽を判断するのが困難である。そこで，元の命題の対偶 「($y = 2$ かつ $z = 3$) ならば $y + z = 5$」を考えて，判断すればよい。
　もちろん $2 + 3 = 5$ であるから，真であると判断できる。

ウに当てはまるものは⓪である。　→ウ

解説

　本問は，集合と論理の基本について確認する問題である。高校の教科書では，集合 A が集合 B の部分集合であることを，「$A \subset B$」と表す。「A の要素はすべて B の要素である」つまり，「$x \in A$ ならば $x \in B$ が真である」がその定義である。この定義に従うと，A，B が同じ集合である場合にも $A \subset B$ が成り立つことになる。

　数学の世界では，$\subset$ という記号を"同じではない"（真に包含関係のある）部分集合として用いる流儀がある。つまり，$A \subset B$ を「$A \neq B$ かつ A のすべての要素が B の要素である」の意味で使う流儀もある。このとき，B の要素のうち，A の要素でないものが存在することを強調して，$A \subsetneqq B$ と表すこともある。このように $A \subset B$ であるが，$A = B$ でないとき，A を B の真部分集合という。これと区別して，同じ集合も認める部分集合を記号「$\subseteqq$」や「$\subseteq$」で表現することもある。つまり，$A \subseteqq B$ や $A \subseteq B$ は高校の学習で用いる $A \subset B$ と同じ意味であるから，教科書には，集合 A，集合 B について，$A = B$ であることは，「$A \subset B$ かつ $A \supset B$」が成り立つことであると説明されている。

　集合と論理では，条件を考える際に，その条件を満たすもの全体の集合をセットで考えることが重要である。この集合を条件に対する真理集合という。条件自体は抽象的であっても真理集合には具体性が帯びてくるので，捉えやすくなるのである。次の対応関係を心得ておこう。

条件	条件名	真理集合
"ゆるい"	必要条件	"広い"
"きつい"	十分条件	"狭い"

　数学的な議論を進めていく上で，これらの条件の使い方は非常に大切である。特に，難しい条件を考える際には，その条件を"少し"緩めた必要条件を満たすものを考えて候補を絞り，必要条件を満たさないものを候補から外すことができる。必要条件を満たすものについて，十分性を兼ね備えているかを確認することで，必要十分条件を求めることができるわけである。ここで，"少し"緩めるというさじ加減が難しい。いろいろな分野で数学的対象に応じた条件の緩め具合（候補の絞り方）を学習してもらいたい。

[2] 《必要条件と十分条件》

(1) $x=3$ が p を満たす条件は

$$3^2 - 2 \cdot 3 - k \geqq 0$$

が成り立つことであり，これを満たす実数 k の値の範囲は

$$k \leqq 3 \quad \rightarrow エ$$

である。

$k=3$ のとき，条件 p は $x^2 - 2x - 3 \geqq 0$ つまり $(x-3)(x+1) \geqq 0$ となり，これを満たす実数 x は

$$x \leqq -1 \text{ または } 3 \leqq x$$

であり，オに当てはまるものは④である。→オ

(2) このとき，$p \Longleftrightarrow q$ が成り立つので，p は q であるための**必要十分条件である**。カに当てはまるものは③である。 →カ

(3) $x=4$ が p を満たす条件は

$$4^2 - 2 \cdot 4 - k \geqq 0$$

が成り立つことであり，これを満たす実数 k の値の範囲は

$$k \leqq 8 \quad \rightarrow キ$$

である。

$k=8$ のとき，条件 p は $x^2 - 2x - 8 \geqq 0$ つまり $(x-4)(x+2) \geqq 0$ となり，これを満たす実数 x は

$$x \leqq -2 \text{ または } 4 \leqq x$$

であり，クに当てはまるものは④である。 →ク

(4) このとき，条件 $p : x \leqq -2$ または $4 \leqq x$，条件 $q : x \leqq -1$ または $3 \leqq x$ であるから，条件 p を満たす任意の x が条件 q を満たす。

よって，$p \Longrightarrow q$ は真である。ケに当てはまるものは⓪である。 →ケ

(5) このとき，$\bar{r}$ を満たす x は $x < 2$ または $5 < x$ である。

$p \Longrightarrow (p \text{ または } \bar{r})$ はもちろん真である。

同様に，$q \Longrightarrow (q \text{ または } \bar{r})$ はもちろん真であり，$p \Longrightarrow q$ が真であることとあわせて，$p \Longrightarrow (q \text{ または } \bar{r})$ は真である。コに当てはまるものは①，⑤である。

$$\rightarrow コ$$

$(q$ かつ $\bar{r}) \Longrightarrow q$ はもちろん真である。

同様に，$(p$ かつ $\bar{r}) \Longrightarrow p$ はもちろん真であり，$p \Longrightarrow q$ が真であることとあわせて，$(\boldsymbol{p}$ かつ $\bar{r}) \Longrightarrow q$ は真である。**サ**に当てはまるものは⓪，④である。　→**サ**

(注)　選択肢⓪〜⑦の条件を x についての不等式で表すと

⓪　p かつ $\bar{r} \Longleftrightarrow x \leqq -2$ または $5 < x$

①　p または $\bar{r} \Longleftrightarrow x < 2$ または $4 \leqq x$

②　$\bar{p}$ かつ $r \Longleftrightarrow 2 \leqq x < 4$

③　$\bar{p}$ または $r \Longleftrightarrow -2 < x \leqq 5$

④　q かつ $\bar{r} \Longleftrightarrow x \leqq -1$ または $5 < x$

⑤　q または $\bar{r} \Longleftrightarrow x < 2$ または $3 \leqq x$

⑥　$\bar{q}$ かつ $r \Longleftrightarrow 2 \leqq x < 3$

⑦　$\bar{q}$ または $r \Longleftrightarrow -1 < x \leqq 5$

である。これらの不等式をみて，p ならば　コ　は真，　サ　ならば q は真となる　コ　，　サ　に当てはまる選択肢を選ぶことはできる。

しかし，具体的な条件で確認しなくても，一般的な論理の構造に注目することで，適する選択肢を選ぶことができる。

x についての任意の条件 ＊ に対して

$$p \Longrightarrow (p \text{ または } *), \quad q \Longrightarrow (q \text{ または } *)$$

$$(p \text{ かつ } *) \Longrightarrow p, \quad (q \text{ かつ } *) \Longrightarrow q$$

であることが一般的にいえる。このことをふまえると，**コ**では

p ならば $(p$ または ＊$)$ が真

q ならば $(q$ または ＊$)$ が真

がいえ，上の 2 つと $p \Longrightarrow q$ が真であることをあわせると

p ならば $(q$ または ＊$)$ が真

もいえる。このことから**コ**の答えとして，① p または $\bar{r}$，⑤ q または $\bar{r}$ の 2 つがすぐみつかる。

サでも同様に

$(p$ かつ ＊$)$ ならば p が真

$(q$ かつ ＊$)$ ならば q が真

がいえ，上の 2 つと $p \Longrightarrow q$ が真であることをあわせると

$(p$ かつ ＊$)$ ならば q が真

もいえる。このことから**サ**の答えとして，⓪ p かつ $\bar{r}$，④ q かつ $\bar{r}$ の 2 つがすぐ見つかる。

参考 条件 $p : x^2 - 2x - k \geqq 0$ は $x^2 - 2x \geqq k$ と書き換えられる。これを xy 平面上の放物線 $y = x^2 - 2x = (x-1)^2 - 1$ と直線 $y = k$ との上下関係として捉えることができる。

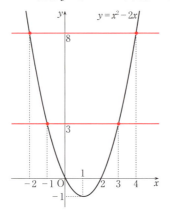

このグラフより，x の2次不等式 $x^2 - 2x \geqq 3$ を解くと，$x \leqq -1$，$3 \leqq x$ となることが一目瞭然である。

同様に，グラフから x の2次不等式 $x^2 - 2x \geqq 8$ を解くと，$x \leqq -2$，$4 \leqq x$ となることも一目瞭然である。

解説

条件 a，b を満たすものの集合をそれぞれ A，B としたとき

「a ならば b が真」$\Longleftrightarrow$「$A \subset B$」

である。「a ならば b が真」となる条件 a を考えるにあたって，直接，条件 a を考えてもよいし，集合 B の部分集合である集合 A を考えてもよい。任意の条件 c を満たすものの集合を C とすると，もちろん

$(b \text{ かつ } c) \Longrightarrow b$

$B \cap C \subset B$

であり，さらに

$a \Longrightarrow (a \text{ または } c)$

$A \subset A \cup C$

である。「$a \Longrightarrow b$ が真」について，条件 a，b を考えてもよいし，「$A \subset B$」と考えて集合 A，B を考えてもよい。

第2章

2次関数

第2章　2次関数　傾向分析

　センター試験では，2016 年度以降は第1問の中問〔3〕で出題され，10点程度の
ウェイトとなっていました。「2次関数のグラフ」「最大・最小」「平行移動」「2次不
等式」などが頻出でした。

　2回のプレテストでは，それぞれ中問2題が出題され，『数学Ⅰ・数学A』の最重
点項目となっており，モニター調査や参考問題例でも取り上げられました。グラフ表
示ソフトを活用した，2次関数のグラフの様子の考察が2回，売り上げを最大化する
価格設定や，利益を最大化するアルバイトの人数といった，実用的な設定が2回，図
形との融合問題が2回と，他分野と比べても多様な問題設定が採用されています。設
問も計算だけでなく，考察的なものも多数含まれています。

　2021 年度本試験では，センター試験と同様に，中問1題が出題されましたが，配
点は 15 点分と従来より多くなりました。いずれの日程も実用的な設定（陸上競技の
タイムや，模擬店での利益の最大化）が出題されました。

　「2次関数のグラフ」や「平行移動」などは，ICT（情報通信技術）活用の設定で
問われやすく，「最大・最小」などは，実用的な設定で問われやすい項目といえるの
で，今後もこうした形式に慣れて十分に対策をしておく必要があります。

● 出題項目の比較（2次関数）

試　　験	大　　問	出題項目	配　点
2021 本試験 （第1日程）	第2問〔1〕 （実戦問題）	1次関数，2次関数（実用）	15 点
2021 本試験 （第2日程）	第2問〔1〕	1次関数，2次関数（会話，実用）	15 点
参考問題例	問題例2 （演習問題2－4）	最大・最小（会話，実用）	―
第2回プレテスト	第1問〔2〕	2次関数のグラフ，2次方程式・2次不等式（ICT 活用）	6 点
	第2問〔1〕	最大・最小（図形と計量との融合）	16 点

第1回プレテスト	第1問〔1〕 （演習問題2－2） 第2問〔1〕 （演習問題2－3）	2次関数のグラフ（ICT 活用） 最大・最小（実用）	―
モニター調査 （5月公表分）	モデル問題例3 （演習問題2－1）	最大・最小，2次方程式（考察，図形と計量との融合）	―
2020 本試験	第1問〔3〕	平行移動	12点
2019 本試験	第1問〔3〕	最大・最小，平行移動	10点
2018 本試験	第1問〔3〕	最大・最小	10点

 ## 学習指導要領における内容と目標（2次関数）

　　二次関数とそのグラフについて理解し，二次関数を用いて数量の関係や変化を表現することの有用性を認識するとともに，それらを事象の考察に活用できるようにする。

ア．二次関数とそのグラフ

　事象から二次関数で表される関係を見いだすこと。また，二次関数のグラフの特徴について理解すること。

イ．二次関数の値の変化

　（ア）　二次関数の最大・最小

　　二次関数の値の変化について，グラフを用いて考察したり最大値や最小値を求めたりすること。

　（イ）　二次方程式・二次不等式

　　二次方程式の解と二次関数のグラフとの関係について理解するとともに，数量の関係を二次不等式で表し二次関数のグラフを利用してその解を求めること。

演習問題2 ― 1 ◆ 問 題

モニター調査（5月公表分）　モデル問題例3　（〔1〕の(1)(ii)，〔2〕の(4)は改題）

〔1〕　下の図のように座標平面上に4点 A (2，0)，B (0，2)，C (−2，0)，
D (0，−2) を頂点とする正方形 ABCD がある。

　点 E は点 A から出発して x 軸上を移動し，点 F は点 B から出発して y 軸上を移動する。

　ただし，2点 E，F は，つねに BF = 2AE の関係を満たしながら移動するものとする。

　また，E，F の原点 O に関する対称な点をそれぞれ E′，F′ とし，4点 E，F，E′，F′ を頂点とする四角形の面積を S とする。

　以下の各問いに答えよ。

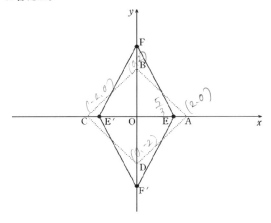

(1) 点 E は点 A から出発して x 軸の負の向きに原点 O まで移動し，点 F は点 B を出発し y 軸の正の向きに移動する場合を考える。

ただし，点 E が原点 O と一致する場合は考えないものとする。

(ⅰ) 点 E が $\left(\dfrac{5}{3}, \ 0 \right)$ にあるとき，$S = \dfrac{\boxed{\text{アイ}}}{\boxed{\text{ウ}}}$ である。

(ⅱ) S のとり得る値の範囲は，

$$\boxed{\text{エ}} \quad \boxed{\text{オ}} \quad S \quad \boxed{\text{カ}} \quad \boxed{\text{キ}}$$

である。

$\boxed{\text{エ}}$，$\boxed{\text{キ}}$ に当てはまる数を答えよ。

また，$\boxed{\text{オ}}$，$\boxed{\text{カ}}$ に当てはまるものを，次の ⓪，① のうちからそれぞれ一つずつ選べ。ただし，同じものを繰り返し選んでもよい。

⓪　<　　　　　　　　　　　　　①　≦

以下の問いでは，正方形 ABCD の面積を T とする。

(2) 点 E は点 A から出発して x 軸の負の向きに点 C まで移動し，点 F は点 B から出発して y 軸の正の向きに移動する場合を考える。

ただし，点 E が原点 O と一致する場合は考えないものとする。

$S = T$ となるのは，点 E が点 A と一致するとき，および

$$\text{AE} = \boxed{\text{ク}}, \quad \dfrac{\boxed{\text{ケ}} + \sqrt{\boxed{\text{コサ}}}}{\boxed{\text{シ}}}$$

のときである。

(3) 次に，2 点 E，F の移動する向きをそれぞれ逆にする。

点 E は点 A から出発して x 軸の正の向きに移動し続け，点 F は点 B から出発して y 軸の負の向きに移動し続ける場合を考える。

ただし，点 F が原点 O と一致する場合は考えないものとする。

このとき，次の ⓪〜③ のうち，正しいものを<u>すべて選べ</u>。$\boxed{\text{ス}}$

⓪　点 E が点 A と一致する場合を除くと，$S = T$ となるような点 E の x 座標は二つある。

①　S が T の 2 倍になるような点 E の x 座標は一つだけある。

②　S の最大値は T の 9 倍に等しい。

③　点 E が点 A と一致する場合以外にも，四角形 EFE′F′ は正方形になることがある。

〔2〕　t および x を正の実数とする。

　AB $= 8$，AC $= t$，$\angle ABC = 60°$ であるような $\triangle ABC$ が2通り存在する場合の t のとり得る値の範囲について，次の【方針1】または【方針2】で考えることができる。

【方針1】

BC $= x$ とおくと，余弦定理から x についての2次方程式
$$x^2 - \boxed{セ}\,x + \boxed{ソタ} - t^{\boxed{チ}} = 0$$
が成り立つから，これが $\boxed{ツ}$ をもつような t の値の範囲を求める。

【方針2】

点Bを通り直線 AB と $60°$ の角をなす半直線の一方を l とするとき，$\boxed{テ}$ が l と異なる2点で交わるような t の値の範囲を求める。

　次の各問いに答えよ。

⑴　【方針1】の $\boxed{セ}$ ～ $\boxed{チ}$ に当てはまる数を答えよ。

⑵　【方針1】の $\boxed{ツ}$ に当てはまるものを，次の⓪～④のうちから一つ選べ。
　⓪　異なる二つの解
　①　異なる二つの正の解
　②　異なる二つの負の解
　③　正の解と負の解
　④　重解

⑶　【方針2】の $\boxed{テ}$ に当てはまるものを，次の⓪～⑤のうちから一つ選べ。
　⓪　点Aを中心とし，半径 t の円
　①　点Bを中心とし，半径 t の円
　②　点Aを中心とし，半径 $\dfrac{t}{2}$ の円
　③　点Bを中心とし，半径 $\dfrac{t}{2}$ の円
　④　点Aを中心とし，半径 $\dfrac{\sqrt{3}}{2}t$ の円
　⑤　点Bを中心とし，半径 $\dfrac{\sqrt{3}}{2}t$ の円

⑷ a および b を正の実数とし，θ を鋭角とする。

　　AB $= a$，AC $= b$，$\angle$ABC $= \theta$ である $\triangle$ABC について，a と θ を一定の値にした とき，b の値に応じて $\triangle$ABC が何通り存在するかは異なる。

　　$\triangle$ABC ができないような b の条件は $\boxed{\text{ト}}$ であり，$\triangle$ABC が 1 通りしか存在 しないような b の条件は $\boxed{\text{ナ}}$ または $\boxed{\text{ニ}}$ であり，$\triangle$ABC が 2 通り存在する ような b の条件は $\boxed{\text{ヌ}}$ である。

　　$\boxed{\text{ト}}$，$\boxed{\text{ナ}}$，$\boxed{\text{ニ}}$，$\boxed{\text{ヌ}}$ に当てはまるものを，次の ⓪〜⑦ のうちから それぞれ一つずつ選べ。ただし，$\boxed{\text{ナ}}$ と $\boxed{\text{ニ}}$ の解答の順序は問わない。

⓪ $0 < b < a\cos\theta$ 　　① $0 < b < a\sin\theta$ 　　② $b = a\cos\theta$ 　　③ $b = a\sin\theta$

④ $a\cos\theta < b < a$ 　　⑤ $a\sin\theta < b < a$ 　　⑥ $a \leqq b$ 　　⑦ $a \geqq b$

演習問題2－1　　◆　解答解説

解答記号	$\dfrac{アイ}{ウ}$	エ，オ，カ，キ	ク	$\dfrac{ケ+\sqrt{コサ}}{シ}$	ス
正　解	$\dfrac{80}{9}$	0，⓪，①，9 （それぞれマークして正解）	1	$\dfrac{1+\sqrt{17}}{2}$	①，③ （2つマークして正解）
チェック					

解答記号	x^2-セ$x+$ソタ$-t^{\text{チ}}$	ツ	テ	ト	ナ，ニ	ヌ
正　解	$x^2-8x+64-t^2$	①	⓪	①	③，⑥ （解答の順序は問わない）	⑤
チェック						

〔1〕　《座標軸上を連動して動く4点を頂点とする四角形の面積》

四角形 EFE′F′ は座標軸に関して対称であるから，$S=4\times\triangle\text{OEF}$ である。

(1)(ⅰ)　点 E が $\left(\dfrac{5}{3},\ 0\right)$ にあるとき，$\text{AE}=2-\dfrac{5}{3}=\dfrac{1}{3}$ であるので

$$\text{BF}=2\text{AE}=2\times\dfrac{1}{3}=\dfrac{2}{3}$$

とわかる。これより，$\text{OE}=\dfrac{5}{3}$，$\text{OF}=2+\dfrac{2}{3}=\dfrac{8}{3}$ であるから

$$S=4\times\triangle\text{OEF}=4\times\dfrac{1}{2}\cdot\text{OE}\cdot\text{OF}$$

$$=2\cdot\dfrac{5}{3}\cdot\dfrac{8}{3}=\dfrac{80}{9}\quad\rightarrow\text{アイウ}$$

である。

(ii)　AE $= t$ とおくと，条件より，$0 \le t < 2$ であり，BF $= 2$AE $= 2t$ である。

これより，OE $= 2 - t$，OF $= 2 + 2t$ であるから

$$S = 4 \times \triangle \text{OEF} = 4 \times \frac{1}{2} \cdot \text{OE} \cdot \text{OF}$$
$$= 4 \times \frac{1}{2} \cdot (2 - t) \cdot (2 + 2t)$$
$$= -4(t + 1)(t - 2)$$
$$= -4(t^2 - t - 2)$$
$$= -4\left(t - \frac{1}{2}\right)^2 + 9$$

である。

これより，t に対する S の値は次のグラフのようになる。

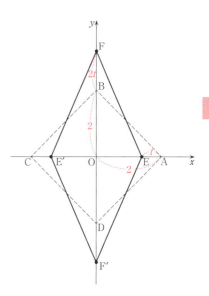

したがって，S のとり得る値の範囲を不等式を用いて表すと，$0 < S \le 9$ となる。

オに当てはまるものは⓪，カに当てはまるものは①である。　→エオカキ

(2)　(1)の(ii)の過程で立式した S の式で，$t = 0$ とすることで，$T = 8$ とわかる。

(1)と同様に，AE $= t$ とおくと，条件より，$0 \le t \le 4$，$t \ne 2$ であり，BF $= 2$AE $= 2t$ である。

また，OE $= |2 - t|$，OF $= 2 + 2t$ であるから

$$S = 4 \times \triangle \text{OEF} = 4 \times \frac{1}{2} \cdot \text{OE} \cdot \text{OF}$$
$$= 4 \times \frac{1}{2} \cdot |2 - t| \cdot (2 + 2t) = 4(t + 1)|2 - t|$$

$$= \begin{cases} -4\,(t+1)\,(t-2) & (0 \leqq t < 2 \text{ のとき}) \\ 4\,(t+1)\,(t-2) & (2 < t \leqq 4 \text{ のとき}) \end{cases}$$

である。

これより，t に対する S の値は右のグラフのようになる。

グラフより，$S = T$（$= 8$）となるのは，$t = 0$ のとき（点 E が点 A と一致するとき）と，$0 < t < 2$ の範囲で一度，$2 < t < 4$ の範囲でも一度ある。

$0 < t < 2$ において，$S = 8$ となるのは

$$-4\,(t+1)\,(t-2) = 8 \qquad t\,(t-1) = 0$$

$0 < t < 2$ より　　$t = 1$

このとき，$AE = 1$ である。

$2 < t < 4$ において，$S = 8$ となるのは

$$4\,(t+1)\,(t-2) = 8 \qquad t^2 - t - 4 = 0$$

$2 < t < 4$ より　　$t = \dfrac{1 + \sqrt{17}}{2}$

このとき，$AE = \dfrac{1 + \sqrt{17}}{2}$ である。

したがって，$S = T$ となるのは，点 E が点 A と一致するとき，および

$$AE = 1, \qquad \dfrac{1 + \sqrt{17}}{2} \qquad \rightarrow \text{クケコサシ}$$

のときである。

(3)　$AE = t$ とおくと，$BF = 2AE = 2t$ であり，条件より，$0 \leqq t$，$t \neq 1$ である。

また，$OE = 2 + t$，$OF = |2 - 2t|$ であるから

$$S = 4 \times \triangle OEF = 4 \times \frac{1}{2} \cdot OE \cdot OF$$

$$= 4 \times \frac{1}{2} \cdot (2+t) \cdot |2-2t| = 4\,(t+2)\,|1-t|$$

$$= \begin{cases} -4\,(t+2)\,(t-1) & (0 \leqq t < 1 \text{ のとき}) \\ 4\,(t+2)\,(t-1) & (1 < t \text{ のとき}) \end{cases}$$

である。

これより，t に対する S の値は右のグラフのようになる。

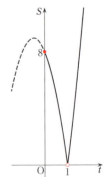

それぞれの選択肢について考えていく。

⓪　グラフより，$t>0$，$t \neq 1$ において，$S=8$ となる t はただ一つしかないので，「点 E の x 座標は二つある」は正しくない。

①　グラフより，$S=2T=16$ となる t はただ一つしかないので，「点 E の x 座標は一つだけある」は正しい。

②　グラフより，$t>0$，$t \neq 1$ において S は最大値をとらないので，「S の最大値は T の 9 倍に等しい」は正しくない。

③　四角形 EFE′F′ が正方形になる条件は，OE＝OF，つまり

$$2+t=|2-2t| \quad \cdots\cdots(*)$$

が成り立つことである。

$0 \leqq t < 1$ のとき，$(*)$ は

$$2+t=2-2t$$

より

$$t=0$$

これは，点 E と点 A が一致する場合である。

$1<t$ のとき，$(*)$ は

$$2+t=-(2-2t)$$

より

$$t=4$$

したがって，点 E が点 A と一致する場合以外にも，点 E が $(6,\ 0)$ にあるとき，四角形 EFE′F′ は正方形になるので，③は正しい。

以上より，①，③が正しい。　→ス

解　説

　本問は，座標軸上を連動して動く 4 点を頂点とする四角形の面積に関する問題である。条件を式に反映させながら，変数を自分で設定する必要がある。変数の設定の方法はただ一通りではない。点 E の x 座標を t とおいてもよいし，その他の方法でも構わない。

　(1)，(2)，(3)で細かな設定の違いがある。問題文の表現も微妙な違いがあるので，その違いに注意しながら問題文を読むことが求められる。絶対値を用いて立式し，数式の処理の段階で絶対値を外して考えてもよいし，図によって状況が変化するときで，初めから分けて立式してもよい。定義域にも注意しなければならない。

〔2〕《条件を満たす三角形が二つ存在する条件と2次方程式の解の存在》

考察・証明

(1)　余弦定理より

$$CA^2 = AB^2 + BC^2 - 2AB \cdot BC \cos\angle ABC$$

$$t^2 = 8^2 + x^2 - 2 \cdot 8 \cdot x \cdot \cos 60°$$

$$t^2 = x^2 - 8x + 64$$

よって

$$x^2 - 8x + 64 - t^2 = 0 \quad →セソタチ$$

が成り立つ。

(2)　△ABC が2通り存在するための条件は，この x についての2次方程式が**異なる二つの正の解をもつ**ことであるから，ツに当てはまるものは①である。　→ツ

(3)　点 A を中心とし，半径 t の円上の点のみが，点 A からの距離が t である点なので，半直線 l とこの円が異なる2点で交わるとき，条件を満たす△ABC も2通り存在することがいえる。
したがって，テに当てはまるものは⓪である。　→テ

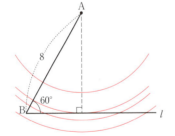 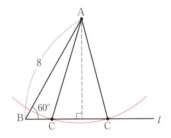

(4)　【方針2】の発想を用いて考える。点 B を通り直線 AB と鋭角 θ の角をなす半直線の一方を図のように l とするとき，点 A を中心とする半径 b の円が半直線 l といくつの点で交わるのかを考えればよい。

関係	図	△ABC
$0 < b < a\sin\theta$	 （点 A を中心とする半径 b の円が半直線 l と交わらない図。辺 a, b, 角 θ, 点 B, 直線 l）	0 個

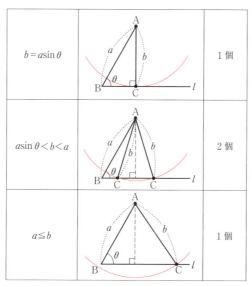

$b = a\sin\theta$		1 個
$a\sin\theta < b < a$		2 個
$a \leq b$		1 個

条件を満たす $\triangle$ABC が何通り存在するかを，b のとり得る値の範囲によって分類すると

$$
\begin{cases}
0 < b < a\sin\theta \text{ のとき，} & 0 \text{ 通り} \\
b = a\sin\theta, \ a \leq b \text{ のとき，} & 1 \text{ 通り} \\
a\sin\theta < b < a \text{ のとき，} & 2 \text{ 通り}
\end{cases}
$$

となる。よって，トに当てはまるものは ①，ナ，ニに当てはまるものは ③，⑥ （順不同），ヌに当てはまるものは ⑤ である。 →トナニヌ

参考 一般に，$a > 0$，$b > 0$，$0° < \theta < 180°$ としたとき，AB $= a$，AC $= b$，$\angle$ABC $= \theta$ である $\triangle$ABC が存在する条件は

$$
\begin{cases}
0° < \theta < 90° \text{ のとき，} & b \geq a\sin\theta \\
90° \leq \theta < 180° \text{ のとき，} & b > a
\end{cases}
$$

である。

解説

本問は，条件を満たす三角形が 2 通り存在するための条件を【方針 1】，【方針 2】をもとに考察する問題である。

【方針 1】は余弦定理から計算をもとに条件を求めようとする方針である。ただし，方針を答えるだけで処理は要求していない。

【方針 2】は図形的な見方で条件を求めようとする方針である。作図する要領で，点 A を中心とする同心円をイメージし，半径 b が徐々に大きくなっていく様子を考えると状況が把握できる。

演習問題2－2 　　　　◆ 問　題

第1回プレテスト　第1問〔1〕 （(4)は改題）

　数学の授業で，2次関数 $y = ax^2 + bx + c$ についてコンピュータのグラフ表示ソフトを用いて考察している。

　このソフトでは，図1の画面上の A ， B ， C にそれぞれ係数 a, b, c の値を入力すると，その値に応じたグラフが表示される。さらに， A ， B ， C それぞれの下にある • を左に動かすと係数の値が減少し，右に動かすと係数の値が増加するようになっており，値の変化に応じて2次関数のグラフが座標平面上を動く仕組みになっている。

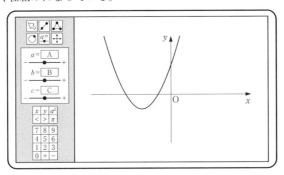

図1

　また，座標平面は x 軸，y 軸によって四つの部分に分けられる。これらの各部分を「象限」といい，右の図のように，それぞれを「第1象限」「第2象限」「第3象限」「第4象限」という。ただし，座標軸上の点は，どの象限にも属さないものとする。

　このとき，次の問いに答えよ。

第2象限	第1象限
$x < 0$	$x > 0$
$y > 0$	$y > 0$
第3象限	第4象限
$x < 0$	$x > 0$
$y < 0$	$y < 0$

(1) はじめに，図1の画面のように，頂点が第3象限にあるグラフが表示された。このときの a, b, c の値の組合せとして最も適当なものを，次の⓪〜⑤のうちから一つ選べ。 ア

	a	b	c
⓪	2	1	3
①	2	-1	3
②	-2	3	-3
③	$\dfrac{1}{2}$	3	3
④	$\dfrac{1}{2}$	-3	3
⑤	$-\dfrac{1}{2}$	3	-3

(2) 次に，a, b の値を(1)の値のまま変えずに，c の値だけを変化させた。このときの頂点の移動について正しく述べたものを，次の⓪〜③のうちから一つ選べ。 イ

⓪ 最初の位置から移動しない。　　① x 軸方向に移動する。

② y 軸方向に移動する。　　③ 原点を中心として回転移動する。

(3) また，b, c の値を(1)の値のまま変えずに，a の値だけをグラフが下に凸の状態を維持するように変化させた。このとき，頂点は，$a = \dfrac{b^2}{4c}$ のときは ウ にあり，それ以外のときは エ を移動した。 ウ ， エ に当てはまるものを，次の⓪〜⑧のうちから一つずつ選べ。ただし，同じものを選んでもよい。

⓪ 原点　　　　　　　　　① x 軸上　　　　　　　　② y 軸上

③ 第3象限のみ　　　　　④ 第1象限と第3象限

⑤ 第2象限と第3象限　　⑥ 第3象限と第4象限

⑦ 第2象限と第3象限と第4象限　　⑧ すべての象限

(4) 最初の a, b, c の値を変更して，下の図2のようなグラフを表示させた。このとき，a, c の値をこのまま変えずに，b の値だけを変化させても，頂点が オ の部分には現れることはなかった。なぜなら，a の符号は カ ，c の符号は キ であることから，頂点の ク 座標 ケ の符号は必ず コ となるからである。

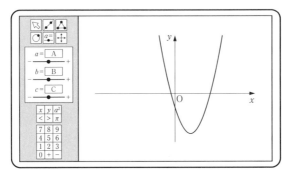

図2

オ に当てはまるものを，次の⓪～③のうちから一つ選べ。

⓪ y軸より右側　　① y軸より左側　　② x軸より上側　　③ x軸より下側

カ ， キ ， コ に当てはまるものを，次の⓪，①のうちからそれぞれ一つずつ選べ。ただし，同じものを繰り返し選んでもよい。

⓪ 正　　　　　　　　　　① 負

ク に当てはまるものを，次の⓪，①のうちから一つ選べ。

⓪ x　　　　　　　　　　① y

ケ に当てはまるものを，次の⓪～⑨のうちから一つ選べ。

⓪ $2a$

① b

② $\dfrac{b}{2a}$

③ $-\dfrac{b}{2a}$

④ $b^2 - 4ab$

⑤ $\dfrac{-b + \sqrt{b^2 - 4ac}}{2a}$

⑥ $\dfrac{-b - \sqrt{b^2 - 4ac}}{2a}$

⑦ $\dfrac{b^2 - 4ac}{2a}$

⑧ $\dfrac{b^2 - 4ac}{4a}$

⑨ $-\dfrac{b^2 - 4ac}{4a}$

演習問題2－2　　◆　解答解説

解答記号	ア	イ	ウ	エ	オ	カ	キ	ク	ケ	コ
正　解	③	②	①	⑤	②	⓪	①	①	⑨	①
チェック										

《グラフ表示ソフトを使う設定での2次関数のグラフについての考察》

〔ICT活用〕

$$y = ax^2 + bx + c$$
$$= a\left(x + \frac{b}{2a}\right)^2 - \frac{b^2 - 4ac}{4a}$$

よって，2次関数 $y = ax^2 + bx + c$ のグラフは，軸の方程式が $x = -\dfrac{b}{2a}$ であり，頂点

の座標が $\left(-\dfrac{b}{2a}, \ -\dfrac{b^2 - 4ac}{4a}\right)$ の放物線である。

(1)　図1の画面で放物線の頂点が第3象限に表示されているので

$$\begin{cases} 頂点の x 座標について \quad -\dfrac{b}{2a} < 0 \\[3mm] 頂点の y 座標について \quad -\dfrac{b^2 - 4ac}{4a} < 0 \end{cases}$$

がいえる。

また，下に凸の放物線が表示されているので，$a > 0$ である。

したがって

$$\begin{cases} b > 0 \\ b^2 - 4ac > 0 \end{cases}$$

が成り立っている。

（注）　なお，$b > 0$ であることは，直線 $y = bx + c$ が放物線 $y = ax^2 + bx + c$ と y 軸との交点における放物線の接線であることに着目すると，この接線は傾きが正（右上がり）であることからも判断できる。　　　　　⇨**演習問題2－5も参照**

さらに，$b^2 - 4ac > 0$ であることについては，放物線 $y = ax^2 + bx + c$ が x 軸と異なる2点で交わっているので，2次方程式 $ax^2 + bx + c = 0$ が異なる2つの実数解をもち，判別式 D について $D = b^2 - 4ac > 0$ であることからも判断できる。

また，2次関数 $y = ax^2 + bx + c$ が $x = 0$ でとる値 c は，y 軸と放物線との交点の y 座標（y 切片）であり，図1より，これが $y > 0$ の部分にあることから，$c > 0$ とわ

かる。

よって，a, b, c の値の組合せとして最も適当なものを選択肢から選ぶと，

$(a, b, c) = \left(\dfrac{1}{2}, 3, 3 \right)$ の③である。　→ア

(注)　$a>0$ かつ $b>0$ かつ $c>0$ より，⓪，③に候補を絞って $b^2-4ac>0$ を満たす
ことより，③を選択する。

(2)　$a = \dfrac{1}{2}$，$b = 3$ のまま c の値だけ変化させると，頂点の x 座標（軸の位置）は

$-\dfrac{b}{2a} = -3$ のまま変化しないが，頂点の y 座標は

$$-\frac{b^2-4ac}{4a} = c - \frac{b^2}{4a} = c - \frac{9}{2}$$

となるので，c の値によって変化する。

頂点の移動について正しく述べたものを選択肢から選ぶと，②の「**y 軸方向に移動
する。**」である。　→イ

(3)　(1)の $(a, b, c) = \left(\dfrac{1}{2}, 3, 3 \right)$ の b, c はそのままで，a の値だけをグラフが下に
凸の状態を維持するように，つまり，$a>0$ を保ったまま変化させる。

$a = \dfrac{b^2}{4c}$ において，$b = c = 3$ のとき，$a = \dfrac{3}{4}$ であり，このとき

$$y = ax^2 + bx + c = \frac{3}{4}x^2 + 3x + 3 = \frac{3}{4}(x+2)^2$$

より，頂点の座標は $(-2, 0)$ であり，これは**x 軸上**にある（原点とは異なる点
である）から，**ウ**に当てはまるものは①である。　→ウ

次に，$a \neq \dfrac{b^2}{4c}$ のとき，つまり，$a \neq \dfrac{3}{4}$ のとき，$a>0$ の範囲で a のみを変化（b, c
はともに3で固定）させると

$$\begin{cases} \text{頂点の } x \text{ 座標について} \quad -\dfrac{3}{2a} < 0 \\ \text{頂点の } y \text{ 座標について} \quad 3 - \dfrac{9}{4a} < 0, \quad 0 < 3 - \dfrac{9}{4a} < 3 \end{cases}$$

が成り立つ。

これより，頂点の x 座標は負で，頂点の y 座標は，正の値と負の値のどちらもと
り得るので，頂点は**第2象限と第3象限**を移動するため，**エ**に当てはまるものは⑤
である。　→エ

⑷　図2の画面には，下に凸の放物線が表示されているので，**$a>0$** とわかる。

また，放物線が y 軸の $y<0$ の部分と交わっていることから，**$c<0$** であることもわかる。a と c の値をこのまま変えないので，**カ**に当てはまるものは⓪であり，**キ**に当てはまるものは①である。　**→カキ**

a と c の値をこのまま変えず，b の値だけを変化させるとき，放物線の頂点の x 座標 $-\dfrac{b}{2a}$ の符号は確定しないが，放物線の頂点の **y 座標** $-\dfrac{b^2-4ac}{4a}$ の符号は**負**と確定する。

したがって，放物線の頂点が第1象限や第2象限（すなわち **x 軸より上側**）に現れることはない。

以上より，**オ**に当てはまるものは②であり，**ク**に当てはまるものは①であり，**ケ**に当てはまるものは⑨であり，**コ**に当てはまるものは①である。　**→オ，クケコ**

解説

　2次関数のグラフに関して考察する問題である。放物線が下に凸，上に凸ということが x^2 の係数 a の符号の正，負にそれぞれ対応している。係数が文字で表されている2次式であっても平方完成して，軸の方程式，頂点の座標を求めることができるようにしておこう。これが2次関数のグラフ（放物線）に関する情報を得るための基本である。

　2次関数 $y=ax^2+bx+c$ のグラフの頂点の y 座標の符号と，2次方程式 $ax^2+bx+c=0$ の判別式の符号は関連があるが，a の符号によって，その対応関係は変わるので，しっかり意味を理解しておきたい。

　本問では，これらの情報とグラフ表示ソフトでの操作とを関連づけてグラフがどのように変化するのかを読み取ることが求められる。どの文字をどのように変化させていくのかを正確に読み取り，それがグラフの形状にどのような変化を及ぼすのかを考察する問題である。

　2次関数のグラフの情報を判別式から読み取ろうとする学習者は多いが，本問では2次方程式の判別式のかわりに2次関数のグラフの頂点の y 座標に注目している。これらには（頂点の y 座標）$=-\dfrac{（判別式）}{4a}$ の関係がある。本問は，2次関数 $y=ax^2+bx+c$ のグラフの位置情報を a，b，c に関わる式の値に対応付けて考えさせる良い問題である。ここで使われている考え方は，2次方程式 $ax^2+bx+c=0$ の解についての考察にも利用できるので，理解を深めておこう。

演習問題2−3

 問 題

第1回プレテスト　第2問〔1〕

　○○高校の生徒会では，文化祭でTシャツを販売し，その利益を
ボランティア団体に寄付する企画を考えている。生徒会執行部では，
できるだけ利益が多くなる価格を決定するために，次のような手順
で考えることにした。

┌─ 価格決定の手順 ─────────────────────

（ⅰ）　アンケート調査の実施

　　　200人の生徒に，「Tシャツ1枚の価格がいくらまでであればTシャツを購
　　入してもよいと思うか」について尋ね，500円，1000円，1500円，2000円の
　　四つの金額から一つを選んでもらう。

（ⅱ）　業者の選定

　　　無地のTシャツ代とプリント代を合わせた「製作費用」が最も安い業者を選
　　ぶ。

（ⅲ）　Tシャツ1枚の価格の決定

　　　価格は「製作費用」と「見込まれる販売数」をもとに決めるが，販売時に釣
　　り銭の処理で手間取らないよう50の倍数の金額とする。

　下の表1は，アンケート調査の結果である。生徒会執行部では，例えば，価格が
1000円のときには1500円や2000円と回答した生徒も1枚購入すると考えて，それ
ぞれの価格に対し，その価格以上の金額を回答した生徒の人数を「累積人数」として
表示した。

表1

Tシャツ1枚の価格(円)	人数(人)	累積人数(人)
2000	50	50
1500	43	93
1000	61	154
500	46	200

このとき，次の問いに答えよ。

⑴　売上額は

　　　　(売上額) = (Tシャツ1枚の価格) × (販売数)

と表せるので，生徒会執行部では，アンケートに回答した200人の生徒について，調査結果をもとに，表1にない価格の場合についても販売数を予測することにした。そのために，Tシャツ1枚の価格を x 円，このときの販売数を y 枚とし，x と y の関係を調べることにした。

　　表1のTシャツ1枚の価格と　ア　の値の組を (x, y) として座標平面上に表すと，その4点が直線に沿って分布しているように見えたので，この直線を，Tシャツ1枚の価格 x と販売数 y の関係を表すグラフとみなすことにした。

　　このとき，y は x の　イ　であるので，売上額を $S(x)$ とおくと，$S(x)$ は x の　ウ　である。このように考えると，表1にない価格の場合についても売上額を予測することができる。

　　ア　，　イ　，　ウ　に入るものとして最も適当なものを，次の⓪～⑥のうちから一つずつ選べ。ただし，同じものを繰り返し選んでもよい。

⓪　人数　　　　　①　累積人数　　　②　製作費用　　　③　比例

④　反比例　　　　⑤　1次関数　　　⑥　2次関数

　　生徒会執行部が⑴で考えた直線は，表1を用いて座標平面上にとった4点のうち x の値が最小の点と最大の点を通る直線である。この直線を用いて，次の問いに答えよ。

⑵　売上額 $S(x)$ が最大になる x の値を求めよ。　エオカキ

⑶　Tシャツ1枚当たりの「製作費用」が400円の業者に120枚を依頼することにしたとき，利益が最大になるTシャツ1枚の価格を求めよ。　クケコサ　円

演習問題 2 － 3　　　　　　　◆ 解答解説

解答記号	ア	イ	ウ	エオカキ	クケコサ
正　解	①	⑤	⑥	1250	1300
チェック					

《最大利益を得るための単価決定》　　　　　　　　実用設定

(1)　本問では，たとえば，価格が 1000 円のときには 1500 円や 2000 円と回答した生徒も 1 枚購入すると考えているため

$$（売上額）＝（Tシャツ 1 枚の価格）×（販売数）　……（＊）$$

における「販売数」は表 1 の「**累積人数**」とみなせる。

したがって，**ア**に入る最も適当なものは①である。　→ア

“表 1 の 4 組の $(x,\ y)$ は xy 平面上に表したとき直線に沿って分布しているように見えたので，この直線を，Tシャツ 1 枚の価格 x と販売数（累積人数）y の関係を表すグラフとみなすことにした”ということより，y は x の **1 次関数**である。

したがって，**イ**に入る最も適当なものは⑤である。　→イ

売上額を $S(x)$ とおくと，（＊）より

$$S(x)=xy$$

であり，y が x の 1 次関数であるから，$S(x)$ は x の **2 次関数**である。

したがって，**ウ**に入る最も適当なものは⑥である。　→ウ

(2)　「生徒会執行部が(1)で考えた直線は，表 1 を用いて座標平面上にとった 4 点のうち x の値が最小の点と最大の点を通る直線である」ことに注意する。表 1 を用いて座標平面上にとった 4 点とは

$$(500,\ 200),\quad (1000,\ 154),\quad (1500,\ 93),\quad (2000,\ 50)$$

である。この 4 点のうち，x 座標が最小の点は $(500,\ 200)$ であり，最大の点は $(2000,\ 50)$ であるから，(1)で考えた直線とは，2 点 $(500,\ 200)$，$(2000,\ 50)$ を通る直線

$$y-50=\frac{50-200}{2000-500}(x-2000)$$

つまり

$$y=-\frac{1}{10}x+250$$

である。これより

$$S(x) = xy$$

$$= x\left(-\frac{1}{10}x + 250\right)$$

$$= -\frac{1}{10}(x^2 - 2500x)$$

$$= -\frac{1}{10}\{(x - 1250)^2 - 1250^2\}$$

$$= -\frac{1}{10}(x - 1250)^2 + 156250$$

よって，$S(x)$ が最大になる x の値は 1250（これは 50 の倍数という価格の条件を満たす）である。　**→エオカキ**

(3)　利益は，売上額から制作費用を除いた $S(x) - 400 \cdot 120$ で求めることができる。ただし，(3)では用意できる T シャツは最大で 120 枚であるから，販売数 y に $0 \leqq y \leqq 120$ という制限がかかる。

そこで，(2)で得られた T シャツ 1 枚の価格 x と販売数（累積人数）y の関係 $y = -\frac{1}{10}x + 250$ において，$y = 120$ とすると，$x = 1300$ が得られる。

これより，$0 \leqq x \leqq 1300$ のときには，120 枚すべてが売れるので，売上額 $S(x)$ は

$$S(x) = xy = x \cdot 120 = 120x$$

と表される。

また，$1300 \leqq x \leqq 2500$ のときには，売上額は(2)で求めた $S(x)$ に従うが，$x \geqq 2500$ のときには，1 枚も売れないため，$S(x) = 0$ となる。

まとめると

$$y = \begin{cases} 120 & (0 \leqq x \leqq 1300) \\ -\frac{1}{10}x + 250 & (1300 \leqq x \leqq 2500) \\ 0 & (2500 \leqq x) \end{cases}$$

より

$$S(x) = xy = \begin{cases} 120x & (0 \leqq x \leqq 1300) \\ -\frac{1}{10}(x - 1250)^2 + 156250 & (1300 \leqq x \leqq 2500) \\ 0 & (2500 \leqq x) \end{cases}$$

となり，これらをグラフで表すと，次のようになる。

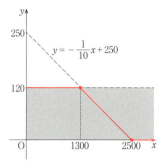

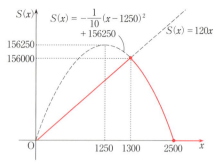

よって，利益が最大となるTシャツ1枚の価格は 1300（これは 50 の倍数）円である。　→クケコサ

解 説

　本問は，文化祭でTシャツを販売するという設定で，いろいろな条件下で利益を最大にする販売価格を考える問題である。設問に入るまでの問題文が長く，また，「価格決定の手順」の(ii)などは設問には関係のない情報であり，条件の取捨選択も必要で，読解力が求められる。問題文を読みながら出題の意図を把握し，問題の流れをくみ取り，何に結びつけたらよいのかを見抜くことが要求される。時間内に解答するためには，常識的な判断をもとに次の展開を予想しながら問題文を読むことも必要であろう。

　(2)では誘導がないが，まずは y を x で表し，次に $S(x) = xy$ を x のみで表し，最後に $S(x)$ の最大値を求めるというように3つの段階に分けて処理することが求められる。

　(3)は，(2)との違いとして，Tシャツの枚数に上限が設けられたことに注意しよう。

演習問題 2 － 4　　　◆　問　題

参考問題例 2　　((3)は改題)

　太郎さんと花子さんが働いている弁当屋では，ランチ弁当を販売している。その売り上げを伸ばすために，チラシ配りのアルバイトを雇っている。

　次の表は，このアルバイトの人数ごとに，1 日の弁当の売上個数の平均値をまとめたものである。アルバイトの人数が 0 人のときのデータはチラシを配らなかった日の売上個数の平均値を表している。

アルバイトの人数	0	1	2	3	4
弁当の売上個数（平均値）	120.0	137.9	145.3	151.0	155.8

　二人の会話を読んで，下の問いに答えよ。

> 太郎：アルバイトを増やすほど売上個数が増えているね。もっとアルバイトを増やせば，さらに売り上げが伸びるんじゃないかな。
>
> 花子：でも，アルバイトの数が増えるにつれて，売上個数の増え方はだんだん減っているよ。それに，アルバイトを増やすと経費が増えるから，利益が増えるかどうかをよく考えないと。
>
> 太郎：アルバイトの人数を n 人として横軸に，チラシを配らなかった日と比べたときの売上個数の増加数を x 個として縦軸にとったグラフをかいて傾向を調べてみよう。

アルバイトの人数　n（人）	0	1	2	3	4
弁当の売上個数の増加数　x（個）	0.0	17.9	25.3	31.0	35.8

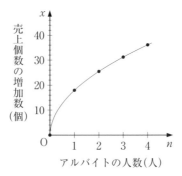

花子：2次関数のグラフが横になったようなグラフだね。
太郎：縦軸と横軸を入れ替えてみようよ。

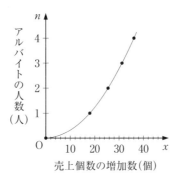

花子：2次関数のグラフに見えるね。

太郎：$n = ax^2$ の関係が成り立っているようだね。$n = 1$, 2, 3, 4 に対して，x^2 と n の比を求めてみると，$\dfrac{x^2}{n}$ の小数第1位を四捨五入したものは，すべて ア になっているので，$n > 4$ も含めて $n \geqq 0$ に対して $n = \dfrac{x^2}{\boxed{ア}}$ が成り立つと仮定して考えてみよう。

(1) ア に当てはまる最も適当な数を，次の ⓪～⑥ のうちから一つ選べ。

⓪　18 　　　①　40 　　　②　180 　　　③　250

④　320 　　　⑤　480 　　　⑥　640

花子：利益がどれくらい増えるかが大事だから，アルバイト代や弁当1個あたり
　　　の利益に基づいて考えないと。

太郎：アルバイト一人あたり1日800円だからアルバイト代は$800n$円，弁当1
　　　個あたりの利益は220円だったね。

花子：利益の増加額をy円とすると，yは弁当1個あたりの利益と売上個数の増
　　　加数xの積からアルバイト代を引いた式で表せるね。

　　　$n = \dfrac{x^2}{\boxed{ア}}$ を使うと，yをxだけで表すことができるよ。

太郎：yをxで表した式を作って計算すると，

$$y = \frac{\boxed{イウ}}{\boxed{エ}}x^2 + \boxed{オカキ}\,x$$

　　　となるね。この式のyが$x \geqq 0$の範囲で最大になるときを考えればいいん
　　　だね。①

(2)　$\boxed{イウ}$，$\boxed{エ}$，$\boxed{オカキ}$に当てはまる数を答えよ。

(3)　下線部①に関して，一般に，2次関数$y = f(x)$が$x > 0$の範囲で最大値をもつた
　　めの，$y = f(x)$のグラフについての条件は，

$$\boxed{ク}\text{の放物線，かつ頂点の}\boxed{ケ}\text{座標が}\boxed{コ}\text{である}$$

　　ことである。

　　　$\boxed{ク}$に当てはまるものを，次の⓪，①のうちから一つ選べ。
　　⓪　下に凸　　　　　　　　　　　　①　上に凸

　　　$\boxed{ケ}$に当てはまるものを，次の⓪，①のうちから一つ選べ。
　　⓪　x　　　　　　　　　　　　　①　y

　　　$\boxed{コ}$に当てはまるものを，次の⓪〜④のうちから一つ選べ。
　　⓪　正　　　　①　0　　　　②　負　　　　③　0以上　　　④　0以下

花子：y の値を最大にする x の値が求まれば，$n = \dfrac{x^2}{\boxed{ア}}$ を使ってそのときの n

　　　が求められるね。

太郎：これで，利益の増加額を最大にするアルバイトの人数がわかるね。

(4)　太郎さんと花子さんの考え方によると，利益の増加額を最大にするためには，アルバイトの人数は何人にすればよいか。最も適当なものを，次の⓪～⑨のうちから一つ選べ。ただし，必要に応じて次ページの平方根の表を用いてもよい。　$\boxed{サ}$

⓪　アルバイトを雇わない方がよい。

①　1人　　　　②　2人　　　　③　3人　　　　④　4人

⑤　5人　　　　⑥　6人　　　　⑦　7人　　　　⑧　8人

⑨　アルバイトが多ければ多いほどよい。

平 方 根 の 表

n	$\sqrt{n}$	n	$\sqrt{n}$	n	$\sqrt{n}$	n	$\sqrt{n}$
1	1.0000	26	5.0990	51	7.1414	76	8.7178
2	1.4142	27	5.1962	52	7.2111	77	8.7750
3	1.7321	28	5.2915	53	7.2801	78	8.8318
4	2.0000	29	5.3852	54	7.3485	79	8.8882
5	2.2361	30	5.4772	55	7.4162	80	8.9443
6	2.4495	31	5.5678	56	7.4833	81	9.0000
7	2.6458	32	5.6569	57	7.5498	82	9.0554
8	2.8284	33	5.7446	58	7.6158	83	9.1104
9	3.0000	34	5.8310	59	7.6811	84	9.1652
10	3.1623	35	5.9161	60	7.7460	85	9.2195
11	3.3166	36	6.0000	61	7.8102	86	9.2736
12	3.4641	37	6.0828	62	7.8740	87	9.3274
13	3.6056	38	6.1644	63	7.9373	88	9.3808
14	3.7417	39	6.2450	64	8.0000	89	9.4340
15	3.8730	40	6.3246	65	8.0623	90	9.4868
16	4.0000	41	6.4031	66	8.1240	91	9.5394
17	4.1231	42	6.4807	67	8.1854	92	9.5917
18	4.2426	43	6.5574	68	8.2462	93	9.6437
19	4.3589	44	6.6332	69	8.3066	94	9.6954
20	4.4721	45	6.7082	70	8.3666	95	9.7468
21	4.5826	46	6.7823	71	8.4261	96	9.7980
22	4.6904	47	6.8557	72	8.4853	97	9.8489
23	4.7958	48	6.9282	73	8.5440	98	9.8995
24	4.8990	49	7.0000	74	8.6023	99	9.9499
25	5.0000	50	7.0711	75	8.6603	100	10.0000

演習問題 2 - 4　　　◆　解答解説

解答記号	ア	$\dfrac{イウ}{エ}x^2+$オカキx	ク	ケ	コ	サ
正　解	④	$\dfrac{-5}{2}x^2+220x$	①	⓪	⓪	⑥
チェック						

《利益の増加額を最大にするためのアルバイトの人数》　会話設定　実用設定

(1)　$\dfrac{x^2}{n}$ の値を求めると，次の表のようになる。

n	1	2	3	4
x	17.9	25.3	31.0	35.8
$\dfrac{x^2}{n}$	320.41	320.045	320.333	320.41

よって，小数第一位を四捨五入すると，$\dfrac{x^2}{n}$ の値はすべて 320 になるので，アに当てはまるものは④である。　→ア

(2)　利益の増加額 y は $220x$ から $800n$ を引いた値であり，$n=\dfrac{x^2}{320}$ であるから，y を x だけで表すと

$$y = 220x - 800n$$

$$= 220x - 800 \cdot \dfrac{x^2}{320}$$

$$= \dfrac{-5}{2}x^2 + 220x　→イウエオカキ$$

となる。

(3)　2次関数 $f(x)$ が $x>0$ の範囲に最大値をもつ条件は，$y=f(x)$ のグラフが

　　　上に凸の放物線であり，頂点の x 座標が正である

ことである。

ク，ケ，コに当てはまるものは，それぞれ①，⓪，⓪である。　→クケコ

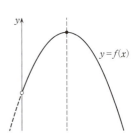

⑷　⑵より

$$y = -\frac{5}{2}(x-44)^2 + 4840$$

であるから，x が 44 になるべく近くなるように n の値を定めればよい。

$n = \dfrac{x^2}{320}$ であるから

$$x = \sqrt{320n} = 8\sqrt{5n}$$

であり，平方根の表から

$$n = 6 \text{ のとき } x = 8 \times 5.4772 = 43.8176$$
$$n = 7 \text{ のとき } x = 8 \times 5.9161 = 47.3288$$

であるから，求める n は 6 であり，**サ**に当てはまるものは⑥である。　→**サ**

　本問は，ランチ弁当の販売でのアルバイトの人数と弁当の売上個数との関係について，太郎さんと花子さんの会話を読みながら考える，日常生活や社会の問題を数理的に捉えることが主題の問題である。

　アルバイトの人数 n と売上個数の増加数 x との関係をグラフで見たときに，2 次関数のグラフ（放物線）に見えることから，n が x の 2 次関数であると仮定して話が展開される。利益の増加額 y も会話文中に定義が書かれており，その定義に従って式を立てることが要求される。

　⑶は，一般的な 2 次関数のグラフについての設問である。2 次関数 $y = f(x)$ のグラフが下に凸であれば $x > 0$ で最大値を持たない。また，仮に上に凸であっても，軸の位置（頂点の x 座標）が負または 0 であれば $x > 0$ においては単調に減少して最大値を持たない。

　一方，2 次関数 $y = f(x)$ のグラフが上に凸で，軸の位置（頂点の x 座標）が正であれば，$x > 0$ で最大値を持つ。その最大値は頂点の y 座標である。

　⑷では，$8\sqrt{5n}$ が 44 に最も近くなる 0 以上の整数 n を，平方根の表を用いて求めることに帰着される。

演習問題 2 － 5

◆ 問 題

オリジナル問題

2 次関数のグラフについて，先生，花子さん，太郎さんが話し合っている。三人の会話を読んで，下の問いに答えよ。

> 先生：次のグラフ C は，2 次関数 $y = ax^2 + bx + c$ のグラフです。
>
> このグラフ C を見て，係数 a, b, c についてわかることはありますか？
>
>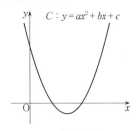
>
> 花子：まず，x^2 の係数 a については，$\boxed{\text{ア}}$ が成り立っているといえます。
>
> 太郎：次に，直線 $l : y = bx + c$ と放物線 $C : y = ax^2 + bx + c$ とは $\boxed{\text{イ}}$ ことがわかります。
>
> 花子：直線 l と放物線 C が $\boxed{\text{イ}}$ ことを考えると，x の係数 b と定数項 c については，$\boxed{\text{ウ}}$ が成り立っているといえます。

(1) $\boxed{\text{ア}}$ に当てはまるものを，次の ⓪ ～ ⑤ のうちから一つ選べ。

⓪ 放物線が上に凸であるから，$a < 0$ ① 放物線が下に凸であるから，$a < 0$

② 放物線が上に凸であるから，$a = 0$ ③ 放物線が下に凸であるから，$a = 0$

④ 放物線が上に凸であるから，$a > 0$ ⑤ 放物線が下に凸であるから，$a > 0$

(2) $\boxed{\text{イ}}$ に当てはまる最も適当なものを，次の ⓪ ～ ④ のうちから一つ選べ。

⓪ x 軸上で接する   ① y 軸上で接する

② x 軸上の 2 点で交わる   ③ y 軸上の 2 点で交わる

④ C の頂点で C と l が接する

(3)　ウ　に当てはまるものを，次の⓪～⑧のうちから一つ選べ。

⓪　$b<0,\ c<0$　　　①　$b<0,\ c=0$　　　②　$b<0,\ c>0$

③　$b=0,\ c<0$　　　④　$b=0,\ c=0$　　　⑤　$b=0,\ c>0$

⑥　$b>0,\ c<0$　　　⑦　$b>0,\ c=0$　　　⑧　$b>0,\ c>0$

2
−
5

先生：なかなか鋭いですね。式の見方が柔軟です。

　　　では，グラフを変えるので，同じ問いを考えてみてください。

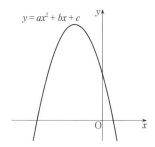

$y=ax^2+bx+c$

花子：今度は，　＊　がいえます。

(4)　＊　に当てはまるものを，次の⓪～⑧のうちから三つ選べ。ただし，解答の順序は問わない。　エ　，　オ　，　カ

⓪　$a<0$　　　①　$a=0$　　　②　$a>0$

③　$b<0$　　　④　$b=0$　　　⑤　$b>0$

⑥　$c<0$　　　⑦　$c=0$　　　⑧　$c>0$

先生：では，次は趣向を変えて，こんなグラフを君たちに見せましょう。

　　　y 軸の位置はわかっていないという設定です。

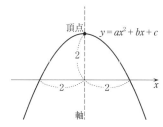

頂点　$y=ax^2+bx+c$

軸

太郎：x^2 の係数 a については，　キ　が成り立っているといえます。

先生：他にいえることはないですか？　花子さん，どうですか？

花子：放物線の頂点の y 座標が2であることから　ク　がいえ，軸の位置と x 軸との交点との距離が2であることから，　ケ　がいえます。

(5)　　キ　　に当てはまるものを，次の⓪～⑤のうちから一つ選べ。

⓪　放物線が上に凸であるから，$a<0$　　　①　放物線が下に凸であるから，$a<0$

②　放物線が上に凸であるから，$a=0$　　　③　放物線が下に凸であるから，$a=0$

④　放物線が上に凸であるから，$a>0$　　　⑤　放物線が下に凸であるから，$a>0$

(6)　　ク　，　ケ　に当てはまるものを，次の⓪～⑨のうちから一つずつ選べ。

⓪　$b^2-4ac=2$　　　　　　①　$\dfrac{-b^2+4ac}{2a}=2$　　　　　②　$\dfrac{-b^2+4ac}{4a}=2$

③　$\dfrac{-b+\sqrt{b^2-4ac}}{2a}=2$　　④　$-\dfrac{b}{2a}=2$　　　　　　⑤　$\dfrac{b}{a}=2$

⑥　$\dfrac{-\sqrt{b^2-4ac}}{a}=2$　　　⑦　$\dfrac{\sqrt{b^2-4ac}}{a}=2$　　　⑧　$\dfrac{-\sqrt{b^2-4ac}}{2a}=2$

⑨　$\dfrac{\sqrt{b^2-4ac}}{2a}=2$

先生：確かに，それらがいえますね。ところで，a の値は求まりますか？

太郎：　キ　，　ク　，　ケ　から，$a=-\dfrac{1}{2}$ と求まります。

先生：いくつかわかることを立式して，それらを総合すれば，確かに a の値が
　　　わかりますね。

太郎：b^2-4ac をまとめて消去するという方法で解決できましたが，何かしらの
　　　仕組みがあると直感しました。

先生：なかなか鋭いですね。

花子：何かうまい方法があって，すぐに a の値が求まるのでしょうか？

先生：その通り。ここでも，図形を見る視点が備わっていれば，即時に a の値
　　　がわかります。その準備として，次のような問いに答えてもらいましょう。
　　　次のグラフから，a の値を答えてください。

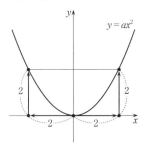

太郎：$2 = a \cdot 2^2$ であることより，$a = \dfrac{1}{2}$ です。

花子：軸が y 軸で，頂点が原点である 2 次関数のグラフですね。

　　　頂点から左右の移動量が 2 のとき，$y = ax^2$ $(a > 0)$ では，頂点から上下の
移動量が $a \cdot 2^2 = 4a$ となります。

　　　これが 2 であることから，$a = \dfrac{1}{2}$ とわかります。

先生：花子さんが言った「頂点から左右の移動量」や「頂点から上下の移動量」
とはうまい表現ですね。

　　　この「頂点から左右の移動量」と「頂点から上下の移動量」に着目すれば，
$|a|$ はわかるのです。

　　　つまり，$|a|$ のみで放物線の "開き具合" が決まるということですね。

太郎：$|a|$ がわかれば，グラフが上に凸の放物線か下に凸の放物線かをみれば，
a の符号がわかり，a 自身の値もわかりますね。

先生：それで，先ほどの答えが $-\dfrac{1}{2}$ であることが納得できますね？

花子：あっ。まさにこの 2 つの放物線は同じ "開き具合" なのですね。

先生：そういうことです。では，腕試しに次の問題をやってみましょう。

　　　今回も y 軸の位置はわかっていないという設定です。

　　　図の三角形 ABC は 1 辺の長さが 4 である正三角形であるとする。さて，
a はいくらでしょう？

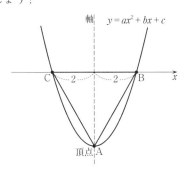

花子：放物線の "開き具合" と上に凸か下に凸かを考えると，$a = \boxed{\text{　ヲ　}}$ とす
ぐにわかりますね。

(7)　　コ　に当てはまるものを，次の⓪〜⑨のうちから一つ選べ。

⓪　2　　　　①　−2　　　　②　$\sqrt{3}$　　　③　$-\sqrt{3}$　　　④　$\dfrac{\sqrt{3}}{3}$

⑤　$-\dfrac{\sqrt{3}}{3}$　　⑥　$\dfrac{\sqrt{3}}{2}$　　⑦　$-\dfrac{\sqrt{3}}{2}$　　⑧　1　　　　⑨　−1

問題

　下に凸の放物線 $C_1 : y = ax^2 + bx + c$ の頂点を A，上に凸の放物線 $C_2 : y = px^2 + qx + r$ の頂点を D とする。C_1，C_2 はともに x 軸上の2定点 B，C を通り，BC ＝ 4，AD ＝ 8 を満たしながら変化する。これにしたがい，2点 A，D は座標平面上を動く。このもとで図のように頂点 D を BC を折り目として垂直に折り曲げる。折り曲げた後の点 D の位置を D′ として，三角錐 ABCD′ の体積 V が最大となるのはどのようなときか求めなさい。

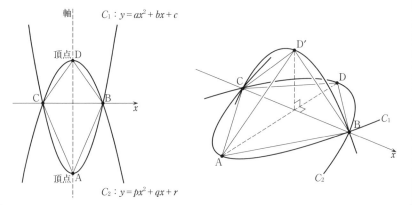

先生：最後に，この問題を考えてください。

太郎：AD と x 軸との交点を H とすると，D′H ＝ DH より，V は

$$V = \dfrac{\boxed{\text{サ}}}{\boxed{\text{シ}}} \cdot AH \cdot DH \quad \cdots\cdots ①$$

　　　と表されるから，AH，DH を a，p で表してみよう。

花子：それなら

$$AH = \boxed{\text{ス}}|a|, \quad DH = \boxed{\text{セ}}|p|$$

　　　となるわね。よって，AD ＝ 8 より

$$\boxed{\text{ス}}|a| + \boxed{\text{セ}}|p| = 8 \quad \cdots\cdots ②$$

　　　です。$a > 0$，$p < 0$ に注意して，①，②より，V を a で表すと

$$V = -\frac{\boxed{\text{ソタ}}}{\boxed{\text{チ}}}\left(a^2 - \boxed{\text{ツ}}\,a\right)$$

となります。

太郎：$p<0$ と②より，a のとり得る値の範囲は

$$0 < a < \boxed{\text{テ}}$$

となるね。すると，V は $a = \boxed{\text{ト}}$ のとき，最大値 $\dfrac{\boxed{\text{ナニ}}}{\boxed{\text{ヌ}}}$ をとるよ。

花子：このとき，$p = \boxed{\text{ネノ}}$ となるね。

太郎：つまり，C_1 と折る前の C_2 が x 軸に関して対称な位置にあるときに，V は最大となるということだね。

花子：このとき，b，c，q，r に関して

$$b + q = \boxed{\text{ハ}}, \quad c + r = \boxed{\text{ヒ}}$$

が成り立つわ。

⑻　$\boxed{\text{サ}} \sim \boxed{\text{ヒ}}$ に当てはまる数を答えよ。

演習問題 2 ー 5　　◆　解答解説

解答記号	ア	イ	ウ	エ.オ.カ	キ	ク	ケ	コ	サ/シ
正　解	⑤	①	②	⓪. ③. ⑧ (解答の順序は問わない)	⓪	②	⑧	⑥	$\dfrac{2}{3}$
チェック									

解答記号	ス	セ	$-\dfrac{ソタ}{チ}(a^2-ツa)$	テ	ト	$\dfrac{ナニ}{ヌ}$	ネノ	ハ	ヒ
正　解	4	4	$-\dfrac{32}{3}(a^2-2a)$	2	1	$\dfrac{32}{3}$	-1	0	0
チェック									

《2次関数のグラフ》　　会話設定　考察・証明

(1)　グラフ C が下に凸であるから，x^2 の係数 a について，**$a>0$** がいえる。

　　アに当てはまるものは⑤である。　→ア

(2)　直線 $l : y=bx+c$ と放物線 $C : y=ax^2+bx+c$ とは **y 軸上で接する**。

　　なぜならば，2つの方程式から y を消去して得られる x についての2次方程式
　　$ax^2+bx+c=bx+c$ つまり $ax^2=0$ が $x=0$ を重解にもつからである。

　　これより，C と l は x 座標が 0 の点で接する，すなわち，C と l は y 軸上の点
　　$(0,\ c)$ で接することがわかる。

　　イに当てはまるものは①である。　→イ

(注)　「数学Ⅱ」の微分法の知識を用いれば，$f(x)=ax^2+bx+c$ に対して，
　　$f'(x)=2ax+b$ より，$f'(0)=b$ であることがわかる。このことから，放物線
　　$y=f(x)$ 上の点 $(0,\ c)$ における C の接線の式が $y=bx+c$ であることを確認する
　　こともできる。

　　なお，このことは次数が上がっても成り立つことであり，そのテーマは，2021年
　　度本試験第2日程『数学Ⅱ・数学B』の第2問で出題されている。本問と同じ見方
　　で解決できる問題であるので，参考にしてもらいたい。

(3)　放物線 $y = ax^2 + bx + c$ のグラフ C を見て，x の係数 b と定数項 c の符号を判断する際，直線 $l : y = bx + c$ がこの放物線 C の y 軸との交点 $(0,\ c)$ で接することに着目し，この直線から判断することができる。

直線 $l : y = bx + c$ は傾きが負の直線であるから，**$b < 0$** であり，y 軸との交点は $y > 0$ の部分にあるので，**$c > 0$** と判断できる。

よって，**ウ** に当てはまるものは②である。　→**ウ**

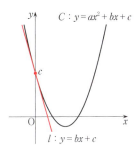

(4)　グラフが上に凸の放物線であることから，**$a < 0$** とわかり，この放物線 C の y 軸との交点 $(0,\ c)$ で C に接する直線の傾きが負であるから，**$b < 0$** であり，y 軸との交点は $y > 0$ の部分にあるので，**$c > 0$** と判断できる。

よって，**エ，オ，カ** に当てはまるものは⓪，③，⑧（順不同）である。　→**エオカ**

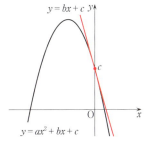

(5)　グラフが上に凸であるから，x^2 の係数 a について，**$a < 0$** がいえる。

キ に当てはまるものは⓪である。　→**キ**

(6)　$ax^2 + bx + c = a\left(x + \dfrac{b}{2a}\right)^2 + \dfrac{-b^2 + 4ac}{4a}$ と平方完成され，放物線の頂点は $\left(-\dfrac{b}{2a},\ \dfrac{-b^2 + 4ac}{4a}\right)$ とわかる。また，$ax^2 + bx + c = 0$ とすると，$x = \dfrac{-b \pm \sqrt{b^2 - 4ac}}{2a}$ であるから，$a < 0$ であることに注意して，放物線と x 軸との交点について，右側の交点の x 座標が $\dfrac{-b - \sqrt{b^2 - 4ac}}{2a}$，左側の交点の x 座標が $\dfrac{-b + \sqrt{b^2 - 4ac}}{2a}$ である。

よって，放物線の頂点の y 座標が 2 であることから

$$\dfrac{-b^2 + 4ac}{4a} = 2$$

がいえる。また，放物線 $y = ax^2 + bx + c$ において，x 軸との交点と軸との距離が 2 であることから

$$-\dfrac{b}{2a} - \dfrac{-b + \sqrt{b^2 - 4ac}}{2a} = \dfrac{-\sqrt{b^2 - 4ac}}{2a} = 2$$

がいえる。

ク，ケに当てはまるものはそれぞれ②，⑧である。 →クケ

また，$b^2 - 4ac$ を D で表すと，$D > 0$ であり，$-\dfrac{D}{4a} = 2$ かつ $-\dfrac{\sqrt{D}}{2a} = 2$ より

$$\sqrt{D} = 2, \quad a = -\frac{1}{2} \ (<0)$$

と求まる。

(7) 三角形 ABC が正三角形であることから，BC の中点と A との距離は，$2 \times \sqrt{3} = 2\sqrt{3}$ である。

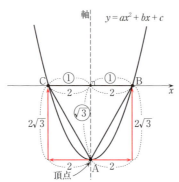

頂点から左右の移動量が 2 のとき，$y = ax^2 \ (a > 0)$ では，頂点から上下の移動量が $a \cdot 2^2 = 4a$ となる。これが $2\sqrt{3}$ であることから，$a = \dfrac{\sqrt{3}}{2}$ とわかる。

よって，コに当てはまるものは⑥である。 →コ

(8) AD と x 軸との交点を H とすると，D′H = DH より

$$V = \frac{1}{3} \cdot \triangle ABC \cdot D'H$$

$$= \frac{1}{3} \cdot \left(\frac{1}{2} \cdot BC \cdot AH \right) \cdot DH$$

$$= \frac{1}{3} \cdot \frac{1}{2} \cdot 4 \cdot AH \cdot DH$$

$$= \frac{2}{3} \cdot AH \cdot DH \quad \cdots\cdots① \quad →サシ$$

と表される。

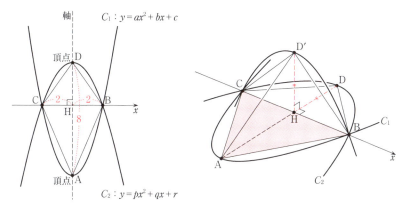

「頂点から左右の移動量」と「頂点から上下の移動量」に着目すると

$$AH = 2^2|a| = 4|a|, \quad DH = 2^2|p| = 4|p| \quad →スセ$$

と表されることがわかる。

よって，$AD = AH + DH = 8$ より

$$4|a| + 4|p| = 8 \quad \cdots\cdots②$$

である。C_1 は下に凸の放物線なので $a>0$，C_2 は上に凸の放物線なので $p<0$ であることに注意すると，②は

$$4a - 4p = 8 \quad つまり \quad p = a - 2$$

となる。$AH = 4a$，$DH = -4p$ であるから，$DH = -4(a-2)$ である。

これらを①に代入して

$$V = \frac{2}{3} \cdot 4a \cdot \{-4(a-2)\} = -\frac{32}{3}a(a-2)$$

$$= -\frac{32}{3}(a^2 - 2a) \quad →ソタチツ$$

となる。

$p<0$ より，$a-2<0$ となり，$a<2$ であるから，a（>0）のとり得る値の範囲は

$$0 < a < 2 \quad →テ$$

となる。すると

$$V = -\frac{32}{3}(a^2 - 2a) = -\frac{32}{3}(a-1)^2 + \frac{32}{3}$$

は，$0<a<2$ において，$a=1$ のとき，最大値 $\frac{32}{3}$ をとる。　→トナニヌ

このとき

$$p = a - 2 = 1 - 2 = -1 \quad →ネノ$$

となり，C_1 と折る前の C_2 が x 軸に関して対称な位置にある。

したがって

$$b=-q \text{ より } b+q=0 \quad \text{および} \quad c=-r \text{ より } c+r=0 \quad \rightarrow \text{ハヒ}$$

が成り立つ。

(注)　最後の議論は，$C_1：y=x^2+bx+c$ と $C_2：y=-x^2+qx+r$ の式を辺々加えて得られる

$$2y=(b+q)x+(c+r) \quad \text{つまり} \quad y=\frac{b+q}{2}x+\frac{c+r}{2}$$

が2つの放物線の2交点を通る直線 BC の方程式 $y=0$ と一致することから

$$b+q=0, \quad c+r=0$$

としてもよい。

これより，$C_1：y=x^2+bx+c$ と $C_2：y=-x^2-bx-c$ は x 軸に関して対称であると考えることもできる。

解説

本問は，2次関数についての認識を問題文を読み進めながら学習し，学んだ発想を活かして問題を解決していくというストーリー性のある内容である。

$C：y=ax^2+bx+c$ において，$y=a\left(x+\dfrac{b}{2a}\right)^2+\dfrac{-b^2+4ac}{4a}$ と平方完成して，上に凸か下に凸か，軸がどこにあるのか，y 軸とどこで交わっているのかより a, b, c の符号を読み取ることが多い。

本問では，放物線 $y=ax^2+bx+c$ と直線 $y=bx+c$ の位置関係から a, b, c の符号を判定しようとしている。直線 $y=bx+c$ の傾き b，y 切片 c を読み取ることは簡単なので，前に述べた方法よりも要領よく判断することができる。一度，この種類の問題を本問で身につけた考え方で解いてみるとよいだろう。

次にグラフの"開き具合"に関する設問が続く。ここで理解を深めることで，後半の 問題 を解くときの解法につながる。

本問のキーワードとして「符号」がある。上に凸，下に凸にしても符号を読み取るし，$|a|$, $|p|$ の絶対値をはずすことについてもそうである。また，(6)においても x 軸との交点の x 座標についても，$a<0$ であるから

$$\frac{-b+\sqrt{b^2-4ac}}{2a} < \frac{-b-\sqrt{b^2-4ac}}{2a}$$

であることに注意しよう。

第3章

図形と計量

第3章　図形と計量　傾向分析

　センター試験では，第2問の中問〔1〕で「正弦定理・余弦定理」「三角形の面積」などがよく問われており，配点は例年15点となっていました。

　プレテストでは，2次関数に並ぶ最頻出項目となっており，特に第2回プレテストでは中問2題で出題され，さらに2次関数の中問の中でも，三角形の辺上を移動する点がつくる図形の面積変化という形で融合的に出題されました。第1回プレテストやモニター調査・参考問題例でも欠かさず取り上げられています。

　2021年度本試験では，センター試験と同様に，中問1題が出題されましたが，配点は20点分と従来より多くなりました。第1日程は三角形の面積や辺と角の大小関係を考察させる，思考力を問われる出題でした。第2日程はコンピュータ・ソフトを用いた設定でしたが，流れに沿っていけば解答しやすいものでした。

　銅像を見込む角（モニター調査），階段の傾斜（第2回プレテスト），クレーン車のアームの角度（参考問題例）など，**三角比が実生活で活用できる**ことを実感できるような素材が特に目を引きますが，三角形の面積や辺と角の大小関係（2021年度本試験第1日程），三角形の内角に関する式についての考察（第1回プレテスト）や，正弦定理の証明（第2回プレテスト）など，**問題文の読解と考察が求められる**問題もよく出題されていますので，三角比についての公式の本質をしっかりと理解して，自分で説明できるようにしておくことが求められます。

● 出題項目の比較（図形と計量）

試　験	大　問	出題項目	配　点
2021 本試験 （第1日程）	第1問〔2〕 （実戦問題）	三角形の面積，辺と角の大小関係，外接円（考察）	20点
2021 本試験 （第2日程）	第1問〔2〕	外接円の半径が最小となる三角形（ICT，考察）	20点
参考問題例	問題例1〔3〕 （演習問題3−3）	図形の計量（実用）	―
第2回プレテスト	第1問〔3〕 第1問〔4〕 第2問〔1〕	図形の計量（実用） 正弦定理・余弦定理（考察） 正弦定理・余弦定理（2次関数との融合）	5点 6点 16点

第1回プレテスト	第1問〔2〕 （演習問題3－2）	正弦定理・余弦定理（会話，考察，論理との融合）	－
モニター調査 （5月公表分）	モデル問題例3 （演習問題2－1） モデル問題例4 （演習問題3－1）	余弦定理（考察，2次関数との融合） 図形の計量（会話，実用）	－
2020 本試験	第2問〔1〕	正弦定理・余弦定理	15点
2019 本試験	第2問〔1〕	余弦定理，三角形の面積	15点
2018 本試験	第2問〔1〕	余弦定理	15点

 ## 学習指導要領における内容と目標（図形と計量）

　三角比の意味やその基本的な性質について理解し，三角比を用いた計量の考えの有用性を認識するとともに，それらを事象の考察に活用できるようにする。
ア．三角比
　（ア）　鋭角の三角比
　　鋭角の三角比の意味と相互関係について理解すること。
　（イ）　鈍角の三角比
　　三角比を鈍角まで拡張する意義を理解し，鋭角の三角比の値を用いて鈍角の三角比の値を求めること。
　（ウ）　正弦定理・余弦定理
　　正弦定理や余弦定理について理解し，それらを用いて三角形の辺の長さや角の大きさを求めること。
イ．図形の計量
　三角比を平面図形や空間図形の考察に活用すること。

演習問題 3 ― 1 　　　　　◆　問　題

モニター調査（5月公表分）　モデル問題例4　（(2)の(i)，(ii)は改題）

花子さんと太郎さんは，次の記事を読みながら会話をしている。

＝公園整備計画＝　広場の大きさどうする？

　○○市の旧県営野球場跡地に整備される県営緑地公園（仮称）の整備内容について，緑地公園計画推進委員会は15日，公園のメイン広場に地元が生んだ武将△△△△の銅像を建てる案を発表した。県民への憩いの場を提供するとともに，観光客の誘致にも力を入れたい考え。

（編集部注：写真は省略）

　ある委員は，「銅像の設置にあたっては，銅像と台座の高さはどの程度がよいのか，観光客にとって銅像を最も見やすくするためには，メイン広場の広さはどのくらいあればよいのか，などについて，委員の間でも様々な意見があるため，今後，実寸大の模型などを使って検討したい」と話した。

花子：銅像と台座の高さや，広場の大きさを決めるのも難しそうね。
太郎：でも，近づけば大きく見えて，遠ざかれば小さく見えるというだけでしょ。
花子：写真を撮るとき，像からどのくらいの距離で撮れば，銅像を見込む角を大きくできるかしら。

　見込む角とは，右図のように，銅像の上端Aと下端Bと見る人の目の位置Pによってできる∠APBのことである。
　二人は，銅像を見込む角について，次の二つのことを仮定して考えることにした。
・地面は水平であり，直線ABは地面に対して垂直である。
・どの位置からも常に銅像全体は見える。
　次の各問いに答えよ。なお，必要に応じて101ページの三角比の表を用いてもよい。

(1)　銅像の真正面に立ち，銅像の真下から 12 m 離れた位置から，高さ 1.5 m の台座に乗せた高さ 4 m の銅像を見る。このとき，目の高さが 1.5 m の花子さんの銅像を見込む角として最も近いものを，次の ⓪ ～ ⑨ のうちから一つ選べ。 ｱ

⓪　4°　　　①　6°　　　②　8°　　　③　10°　　　④　12°

⑤　14°　　　⑥　16°　　　⑦　18°　　　⑧　20°　　　⑨　22°

(2)　銅像に近づいたり離れたりすると，見込む角の大きさは変化する。見込む角が最大になるときの，見る人の足元の位置を「ベストスポット」とよぶこととする。この「ベストスポット」について，太郎さんは次のように考えた。

──【太郎さんの考え】────────────────────────────
　　3 点 A，B，P を通る円の半径を R とすると，AB の長さは常に一定であることから，∠APB が鋭角ならば，∠APB が最大となるのは，R が最小のときである。
──────────────────────────────────────

(i)　∠APB が鋭角であることを確かめるには，

$$\mathrm{AP}^2 + \mathrm{BP}^2 - \mathrm{AB}^2 \ \text{が}\ \boxed{ｲ}\ \text{である}$$

ことを確認すればよい。

ｲ に当てはまるものを，次の ⓪ ～ ④ のうちから一つ選べ。

⓪　正　　　①　0　　　②　負　　　③　0 以上　　　④　0 以下

(ii)　【太郎さんの考え】が正しいことは，

$$\text{関係式}\ \sin\angle\mathrm{APB} = \boxed{ｳ}\ \text{が成り立つこと}$$

および

∠APB が鋭角のとき，∠APB が大きくなるほど，

sin∠APB の値は大きくなる

ことからわかる。

ｳ に当てはまるものを，次の ⓪ ～ ⑨ のうちから一つ選べ。

⓪　$\dfrac{R}{\mathrm{AB}}$　　　①　$\dfrac{R}{2\mathrm{AB}}$　　　②　$\dfrac{2R}{\mathrm{AB}}$　　　③　$\dfrac{R^2}{\mathrm{AB}}$　　　④　$\dfrac{R}{\mathrm{AB}^2}$

⑤　$2R$　　　⑥　$2\mathrm{AB}$　　　⑦　$\dfrac{2\mathrm{AB}}{R}$　　　⑧　$\dfrac{\mathrm{AB}}{2R}$　　　⑨　$\dfrac{\mathrm{AB}}{R}$

3
−
1

(iii)　二人は【太郎さんの考え】について先生に相談したところ，R が最小になるのは，3点 A，B，P を含む平面上において，3点 A，B，P を通る円と点 P を通り直線 AB に垂直な直線が接するときであることを教えてもらった。

　　この考え方に基づくと，目の高さが 1.5m の花子さんが，高さ 6.5m の台座の上に乗せた高さ 4m の銅像を見る「ベストスポット」となるのは，3点 A，B，P を通る円の半径 R が 　エ　 m になるときである。

① 　エ　 に当てはまる数を答えよ。

② このときの見込む角として最も近いものを次の⓪～⑨のうちから一つ選べ。
　　　 オ

⓪　11°　　①　13°　　②　15°　　③　17°　　④　19°

⑤　21°　　⑥　23°　　⑦　25°　　⑧　27°　　⑨　29°

③ このときの銅像の真下と「ベストスポット」の距離は，およそ 　カ　 m である。

　　　 カ 　に当てはまる最も適当なものを，次の⓪～⑨のうちから一つ選べ。

⓪　3.7　　①　4.7　　②　5.7　　③　6.7　　④　7.7

⑤　8.7　　⑥　9.7　　⑦　10.7　　⑧　11.7　　⑨　12.7

三 角 比 の 表

角度	sin	cos	tan	角度	sin	cos	tan
0°	0.0000	1.0000	0.0000	45°	0.7071	0.7071	1.0000
1°	0.0175	0.9998	0.0175	46°	0.7193	0.6947	1.0355
2°	0.0349	0.9994	0.0349	47°	0.7314	0.6820	1.0724
3°	0.0523	0.9986	0.0524	48°	0.7431	0.6691	1.1106
4°	0.0698	0.9976	0.0699	49°	0.7547	0.6561	1.1504
5°	0.0872	0.9962	0.0875	50°	0.7660	0.6428	1.1918
6°	0.1045	0.9945	0.1051	51°	0.7771	0.6293	1.2349
7°	0.1219	0.9925	0.1228	52°	0.7880	0.6157	1.2799
8°	0.1392	0.9903	0.1405	53°	0.7986	0.6018	1.3270
9°	0.1564	0.9877	0.1584	54°	0.8090	0.5878	1.3764
10°	0.1736	0.9848	0.1763	55°	0.8192	0.5736	1.4281
11°	0.1908	0.9816	0.1944	56°	0.8290	0.5592	1.4826
12°	0.2079	0.9781	0.2126	57°	0.8387	0.5446	1.5399
13°	0.2250	0.9744	0.2309	58°	0.8480	0.5299	1.6003
14°	0.2419	0.9703	0.2493	59°	0.8572	0.5150	1.6643
15°	0.2588	0.9659	0.2679	60°	0.8660	0.5000	1.7321
16°	0.2756	0.9613	0.2867	61°	0.8746	0.4848	1.8040
17°	0.2924	0.9563	0.3057	62°	0.8829	0.4695	1.8807
18°	0.3090	0.9511	0.3249	63°	0.8910	0.4540	1.9626
19°	0.3256	0.9455	0.3443	64°	0.8988	0.4384	2.0503
20°	0.3420	0.9397	0.3640	65°	0.9063	0.4226	2.1445
21°	0.3584	0.9336	0.3839	66°	0.9135	0.4067	2.2460
22°	0.3746	0.9272	0.4040	67°	0.9205	0.3907	2.3559
23°	0.3907	0.9205	0.4245	68°	0.9272	0.3746	2.4751
24°	0.4067	0.9135	0.4452	69°	0.9336	0.3584	2.6051
25°	0.4226	0.9063	0.4663	70°	0.9397	0.3420	2.7475
26°	0.4384	0.8988	0.4877	71°	0.9455	0.3256	2.9042
27°	0.4540	0.8910	0.5095	72°	0.9511	0.3090	3.0777
28°	0.4695	0.8829	0.5317	73°	0.9563	0.2924	3.2709
29°	0.4848	0.8746	0.5543	74°	0.9613	0.2756	3.4874
30°	0.5000	0.8660	0.5774	75°	0.9659	0.2588	3.7321
31°	0.5150	0.8572	0.6009	76°	0.9703	0.2419	4.0108
32°	0.5299	0.8480	0.6249	77°	0.9744	0.2250	4.3315
33°	0.5446	0.8387	0.6494	78°	0.9781	0.2079	4.7046
34°	0.5592	0.8290	0.6745	79°	0.9816	0.1908	5.1446
35°	0.5736	0.8192	0.7002	80°	0.9848	0.1736	5.6713
36°	0.5878	0.8090	0.7265	81°	0.9877	0.1564	6.3138
37°	0.6018	0.7986	0.7536	82°	0.9903	0.1392	7.1154
38°	0.6157	0.7880	0.7813	83°	0.9925	0.1219	8.1443
39°	0.6293	0.7771	0.8098	84°	0.9945	0.1045	9.5144
40°	0.6428	0.7660	0.8391	85°	0.9962	0.0872	11.4301
41°	0.6561	0.7547	0.8693	86°	0.9976	0.0698	14.3007
42°	0.6691	0.7431	0.9004	87°	0.9986	0.0523	19.0811
43°	0.6820	0.7314	0.9325	88°	0.9994	0.0349	28.6363
44°	0.6947	0.7193	0.9657	89°	0.9998	0.0175	57.2900
45°	0.7071	0.7071	1.0000	90°	1.0000	0.0000	—

演習問題 3 — 1　　　　　　　　◆ 解答解説

解答記号	ア	イ	ウ	エ	オ	カ
正　解	⑦	⓪	⑧	7	③	③
チェック						

《線分を見込む角の最大》　　　　　　会話設定　実用設定

(1)
$$\tan\angle\mathrm{APB} = \frac{\mathrm{AB}}{\mathrm{BP}} = \frac{4}{12} = 0.33\cdots$$

であるから，三角比の表より，最も近いものは $\angle\mathrm{APB} \fallingdotseq 18°$ である。アに当てはまるものは⑦である。　→ア

(2)(i)　余弦定理 $\mathrm{AB}^2 = \mathrm{AP}^2 + \mathrm{BP}^2 - 2\mathrm{AP}\cdot\mathrm{BP}\cos\angle\mathrm{APB}$，つまり
$$\cos\angle\mathrm{APB} = \frac{\mathrm{AP}^2 + \mathrm{BP}^2 - \mathrm{AB}^2}{2\cdot\mathrm{AP}\cdot\mathrm{BP}}$$

により，$\angle\mathrm{APB}$ が鋭角である条件は，$\cos\angle\mathrm{APB}>0$，すなわち
$$\mathrm{AP}^2 + \mathrm{BP}^2 - \mathrm{AB}^2 > 0$$
であることがわかる。したがって，イに当てはまるものは⓪である。　→イ

(ii)　正弦定理により，$\dfrac{\mathrm{AB}}{\sin\angle\mathrm{APB}} = 2R$ である。よって

$$\sin\angle\mathrm{APB} = \frac{\mathrm{AB}}{2R}$$

であり，AB の長さは一定であるので，この関係式から，R が最小のとき，$\sin\angle\mathrm{APB}$ の値が最大で，すなわち，$\angle\mathrm{APB}$ が最大となる。
ウに当てはまるのは⑧である。　→ウ

(iii)　直線 AB 上で地上から 1.5 m の位置を点 C，点 C を通り地面と平行な直線を l とする。このとき BC は $6.5 - 1.5 = 5$〔m〕であり，花子さんの目の位置 P は直線 l 上にある。

2 点 A，B を通り，直線 l に接する円を K とすると，先生の考えは以下のようになる。

　　　　K と l の接点を P_0 とすると，$\mathrm{P} \neq \mathrm{P}_0$ のとき，
　　　　P は常に円 K の外側にあるので
　　　　$\angle\mathrm{APB} < \angle\mathrm{AP}_0\mathrm{B}$　……(＊)

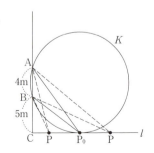

が成立する。したがって，∠APB が最大になるの
は，P が P_0 に一致する（P＝P_0）ときである。

次に，3 点 A，B，P_0 を通る円 K の半径 R を求める。

線分 AB の中点を M とすると
$$R = CM = CB + BM = 5 + 2 = \mathbf{7} \quad →エ$$

このとき，銅像を見込む角∠APB は
$$\sin\angle APB = \sin\angle AP_0B = \frac{AB}{2R} = \frac{2}{7} ≒ 0.285\cdots$$

であり，三角比の表より，最も近いものは
$$\angle AP_0B ≒ \mathbf{17}°$$

である。オに当てはまるものは③である。　→オ

円 K の中心を K_0 とする。

また，銅像の真下と「ベストスポット」の距離は CP_0 で
$$CP_0 = \sqrt{BK_0^2 - BM^2} = \sqrt{7^2 - 2^2} = 3\sqrt{5} = 3 \times 2.23\cdots ≒ \mathbf{6.7}$$

カに当てはまるものは③である。　→カ

別解　方べきの定理を用いる方法もある。
$$CP_0^2 = CA \cdot CB \qquad CP_0^2 = 9 \cdot 5$$
よって，$CP_0 = 3\sqrt{5}$ である。

参考　（＊）の理由を述べておく。

BP と K の交点のうち，B でない方を Q とする。

円周角の定理より　　　∠AQB ＝∠AP_0B

であり，また　　　∠AQB ＝∠APB ＋∠PAQ

である。すると
$$\angle APB + \angle PAQ = \angle AP_0B$$
$$\angle APB < \angle AP_0B$$

である。

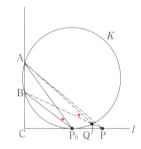

解説

　本問は，観光客誘致のために公園に設置する「銅像」が最もよく見える位置を考察するという日常生活の問題を題材にしているが，"レギオモンタヌスの問題"と呼ばれる，昔から知られている有名な問題である。

　「数学Ⅱ」の知識（正接の加法定理および相加平均と相乗平均の大小関係を用いた最大・最小の議論）を用いれば，見込む角がいつ最大になるのかを計算して求めることができるが，本問では「数学Ⅰ」の図形と計量（三角比）と円の性質を用いて図形的に考えることになる。

演習問題3－2　　　　　　◆　問　題

第1回プレテスト　第1問〔2〕 ((6)は改題)

　以下の問題では，△ABC に対して，∠A，∠B，∠C の大きさをそれぞれ A，B，C で表すものとする。

　ある日，太郎さんと花子さんのクラスでは，数学の授業で先生から次のような宿題が出された。

　宿題　　△ABC において $A = 60°$ であるとする。このとき，
$$X = 4\cos^2 B + 4\sin^2 C - 4\sqrt{3}\cos B \sin C$$
　の値について調べなさい。

　放課後，太郎さんと花子さんは出された宿題について会話をした。二人の会話を読んで，下の問いに答えよ。

太郎：A は $60°$ だけど，B も C も分からないから，方針が立たないよ。
花子：まずは，具体的に一つ例を作って考えてみようよ。もし $B = 90°$ であるとすると，$\cos B = \boxed{\ \text{ア}\ }$，$\sin C = \boxed{\ \text{イ}\ }$ だね。だから，この場合の X の値を計算すると1になるね。

---

(1)　$\boxed{\ \text{ア}\ }$，$\boxed{\ \text{イ}\ }$ に当てはまるものを，次の ⓪ 〜 ⑧ のうちから一つずつ選べ。ただし，同じものを選んでもよい。

　⓪　0　　　　① 1　　　　② -1　　　　③ $\dfrac{1}{2}$　　　　④ $\dfrac{\sqrt{2}}{2}$

　⑤　$\dfrac{\sqrt{3}}{2}$　　　⑥ $-\dfrac{1}{2}$　　　⑦ $-\dfrac{\sqrt{2}}{2}$　　　⑧ $-\dfrac{\sqrt{3}}{2}$

太郎：$B=13°$ にしてみよう。数学の教科書に三角比の表があるから，それを見
　　　ると，$\cos B=0.9744$ で，$\sin C$ は……あれっ？　表には $0°$ から $90°$ まで
　　　の三角比の値しか載っていないから分からないね。

花子：そういうときは，　ウ　という関係を利用したらいいよ。この関係を使
　　　うと，教科書の三角比の表から $\sin C=$　エ　だと分かるよ。

太郎：じゃあ，この場合の X の値を電卓を使って計算してみよう。$\sqrt{3}$ は 1.732
　　　として計算すると……あれっ？　ぴったりにはならなかったけど，小数第
　　　4 位を四捨五入すると，X は 1.000 になったよ！ (a)これで，$A=60°$，
　　　$B=13°$ のときに $X=1$ になることが証明できたことになるね。さら
　　　に，(b)「$A=60°$ ならば $X=1$」という命題が真であると証明できたね。

花子：本当にそうなのかな？

3−2

(2)　ウ，エ に当てはまる最も適当なものを，次の各解答群のうちから一つ
　　ずつ選べ。

　　ウ の解答群：

⓪　$\sin(90°-\theta)=\sin\theta$　　　　　①　$\sin(90°-\theta)=-\sin\theta$

②　$\sin(90°-\theta)=\cos\theta$　　　　　③　$\sin(90°-\theta)=-\cos\theta$

④　$\sin(180°-\theta)=\sin\theta$　　　　　⑤　$\sin(180°-\theta)=-\sin\theta$

⑥　$\sin(180°-\theta)=\cos\theta$　　　　　⑦　$\sin(180°-\theta)=-\cos\theta$

　　エ の解答群：

⓪　-3.2709　　　　①　-0.9563　　　　②　0.9563　　　　③　3.2709

(3)　太郎さんが言った下線部(a)，(b)について，その正誤の組合せとして正しいものを，
　　次の⓪〜③のうちから一つ選べ。　オ

⓪　下線部(a)，(b)ともに正しい。

①　下線部(a)は正しいが，(b)は誤りである。

②　下線部(a)は誤りであるが，(b)は正しい。

③　下線部(a)，(b)ともに誤りである。

花子：$A = 60°$ ならば $X = 1$ となるかどうかを，数式を使って考えてみよう。
　　　△ABC の外接円の半径を R とするね。すると，$A = 60°$ だから，BC
　　　$= \sqrt{\boxed{カ}} R$ になるね。
太郎：AB $= \boxed{キ}$，AC $= \boxed{ク}$ になるよ。

(4) $\boxed{カ}$ に当てはまる数を答えよ。また，$\boxed{キ}$，$\boxed{ク}$ に当てはまるものを，
次の⓪～⑦のうちから一つずつ選べ。ただし，同じものを選んでもよい。

⓪ $R\sin B$	① $2R\sin B$	② $R\cos B$	③ $2R\cos B$
④ $R\sin C$	⑤ $2R\sin C$	⑥ $R\cos C$	⑦ $2R\cos C$

花子：まず，B が鋭角の場合を考えてみたよ。

　┈┈ ＜花子さんのノート＞ ┈┈┈

点 C から直線 AB に垂線 CH を引くと
　　$\text{AH} = \underline{\text{AC}\cos 60°}_{①}$
　　$\text{BH} = \underline{\text{BC}\cos B}_{②}$
である。AB を AH，BH を用いて表すと
　　$\text{AB} = \underline{\text{AH} + \text{BH}}_{③}$
であるから
　　$\underline{\text{AB} = \boxed{ケ}\sin B + \boxed{コ}\cos B}_{④}$
が得られる。

太郎：さっき，AB = $\boxed{\text{キ}}$ と求めたから，④の式とあわせると，$X = 1$ となることが証明できたよ。

花子：B が直角のときは，すでに $X = 1$ となることを計算したね。
$_{(c)}$ B が鈍角のときは，証明を少し変えれば，やはり $X = 1$ であることが示せるね。

(5) $\boxed{\text{ケ}}$，$\boxed{\text{コ}}$ に当てはまるものを，次の⓪～⑧のうちから一つずつ選べ。ただし，同じものを選んでもよい。

⓪ $\dfrac{1}{2}R$　　　① $\dfrac{\sqrt{2}}{2}R$　　　② $\dfrac{\sqrt{3}}{2}R$　　　③ R　　　④ $\sqrt{2}R$

⑤ $\sqrt{3}R$　　　⑥ $2R$　　　⑦ $2\sqrt{2}R$　　　⑧ $2\sqrt{3}R$

(6) 下線部(c)について，B が鈍角のときに，下線部①～③の式のうち修正が必要なものは，$\boxed{\text{サ}}$。
$\boxed{\text{サ}}$ に当てはまるものを次の⓪～⑦のうちから一つ選べ。

⓪ 一つもない　　　① ①のみである　　　② ②のみである

③ ③のみである　　　④ ①と②のみである　　　⑤ ①と③のみである

⑥ ②と③のみである　　　⑦ すべてである

花子：今まではずっと $A = 60°$ の場合を考えてきたんだけど，$A = 120°$ で $B = 30°$ の場合を考えてみたよ。$\cos B$ と $\sin C$ の値を求めて，X の値を計算したら，この場合にも 1 になったんだよね。

太郎：わっ，本当だ。計算してみたら X の値は 1 になるね。

---

(7) △ABC について，次の条件 p, q を考える。

　　　$p : A = 60°$

　　　$q : 4\cos^2 B + 4\sin^2 C - 4\sqrt{3}\cos B \sin C = 1$

　これまでの太郎さんと花子さんが行った考察をもとに，正しいと判断できるものを，次の⓪～③のうちから一つ選べ。$\boxed{\text{シ}}$

⓪ p は q であるための必要十分条件である。

① p は q であるための必要条件であるが，十分条件でない。

② p は q であるための十分条件であるが，必要条件でない。

③ p は q であるための必要条件でも十分条件でもない。

演習問題 3 ― 2　　　　　◆　解答解説

解答記号	ア	イ	ウ	エ	オ	$\sqrt{\text{カ}}R$	キ, ク	ケ, コ	サ	シ
正　解	⓪	③	④	②	③	$\sqrt{3}R$	⑤, ① (それぞれマークして正解)	③, ⑤ (それぞれマークして正解)	⑥	②
チェック										

《三角形の内角に関する式の値の考察》　　会話設定　考察・証明

(1)　$B = 90°$ のとき

$$\cos B = \cos 90° = 0$$

である。よって，**ア**に当てはまるものは⓪である。　→ア

$$C = 180° - (A + B) = 180° - (60° + 90°) = 30°$$

であるから

$$\sin C = \sin 30° = \frac{1}{2}$$

である。よって，**イ**に当てはまるものは③である。　→イ

(2)　$B = 13°$ のとき

$$C = 180° - (A + B) = 180° - (60° + 13°) = 107°$$

である。

$\sin C = \sin 107°$ の値を三角比の表に載っている $0° \leqq C \leqq 90°$ の範囲の角に変換するには

$$\sin(180° - \theta) = \sin\theta$$

を用いて

$$\sin 107° = \sin(180° - 107°) = \sin 73°$$

とするとよい。**ウ**に当てはまるものは④である。　→ウ

$$0 = \sin 0° < \sin 73° < \sin 90° = 1$$

であるから，$\sin C = \sin 107° = \sin 73°$ は 1 未満の正の値である。選択肢のうちこれを満たしているのは，②の **0.9563** しかないので，**エ**に当てはまる最も適当なものは②である。　→エ

(3)　近似値を用いた結果が 1 になったに過ぎないので，$A = 60°$，$B = 13°$ のときに，$X = 1$ であることが数学的に証明されたわけではない。よって，(a)は誤りである。また，$A = 60°$ であるすべての場合について確認したわけではなく，$B = 13°$ という

特別な場合の議論しかしていないので,「$A=60°$ ならば $X=1$」という命題が真であると証明できたといえるわけではない。よって,(b)は誤りである。

したがって,正誤の組合せとして正しいものは③である。　**→オ**

(4)　正弦定理より,$\dfrac{\mathrm{BC}}{\sin A}=2R$ が成り立つので

$$\mathrm{BC}=2R\cdot\sin 60°=2\cdot\dfrac{\sqrt{3}}{2}\cdot R=\sqrt{3}R\quad\textbf{→カ}$$

である。

さらに,正弦定理より,$\dfrac{\mathrm{AB}}{\sin C}=\dfrac{\mathrm{AC}}{\sin B}=2R$ が成り立つので

$$\mathrm{AB}=2R\sin C,\ \mathrm{AC}=2R\sin B$$

である。キに当てはまるものは⑤,クに当てはまるものは①である。　**→キク**

(5)　(4)より,$\mathrm{BC}=\sqrt{3}R$,$\mathrm{AC}=2R\sin B$ であるから

$$
\begin{aligned}
\mathrm{AB}&=\mathrm{AH}+\mathrm{BH}\\
&=\mathrm{AC}\cos 60°+\mathrm{BC}\cos B\\
&=2R\sin B\cdot\dfrac{1}{2}+\sqrt{3}R\cos B\\
&=R\sin B+\sqrt{3}R\cos B
\end{aligned}
$$

が得られる。ケに当てはまるものは③,コに当てはまるものは⑤である。　**→ケコ**

(6)　B が鈍角のとき,点 C から直線 AB に垂線 CH を引くと,H は辺 AB 上にはないことに注意。

①においては修正不要である。

②においては,$\mathrm{BH}=\mathrm{BC}\cos(180°-B)$ あるいは $\mathrm{BH}=-\mathrm{BC}\cos B$ と修正し,

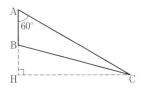

③においては,$\mathrm{AB}=\mathrm{AH}-\mathrm{BH}$ あるいは $\mathrm{AB}=-\mathrm{BH}+\mathrm{AH}$ と修正する。

よって,修正が必要なものは②と③であり,サに当てはまるものは⑥である。

→サ

(7)　これまでの 2 人の会話から,$A=60°$ のときはいつも

$$4\cos^2 B+4\sin^2 C-4\sqrt{3}\cos B\sin C=1$$

が成り立つことはわかっているので,△ABC について,p ならば q は真であると判断できる。

また,(7)の設問の直前にある花子さんの発言で,$A=120°$,$B=30°$のときにも X の値が 1 になることが述べられている。このことから,q ならば p は偽であると判断できる。

したがって,「**p は q であるための十分条件であるが,必要条件でない**」ので,正しいと判断できるものは,②である。　→シ

参考　会話文で軽く流されている部分の証明をきちんと述べておく。

(i)　花子さんの発言で,$A=60°$,$B=90°$のときに,$X=1$ になるという部分についての証明

$\cos B = \cos 90° = 0$,$\sin C = \sin 30° = \dfrac{1}{2}$ であるから

$$X = 4\cos^2 B + 4\sin^2 C - 4\sqrt{3}\cos B\sin C$$
$$= 4\cdot 0^2 + 4\cdot\left(\dfrac{1}{2}\right)^2 - 4\sqrt{3}\cdot 0\cdot\dfrac{1}{2}$$
$$= 1$$

となる。

(ii)　太郎さんの「さっき,AB = ［　キ　］ と求めたから,④の式とあわせると,$X=1$ となることが証明できたよ」の部分についての証明

AB $= 2R\sin C$ を④に代入すると

$$2R\sin C = R\sin B + \sqrt{3}R\cos B$$

両辺を R（$\neq 0$）で割って

$$2\sin C = \sin B + \sqrt{3}\cos B$$

これより

$$2\sin C - \sqrt{3}\cos B = \sin B$$

この両辺を 2 乗すると

$$4\sin^2 C - 4\sqrt{3}\cos B\sin C + 3\cos^2 B = \sin^2 B$$

この両辺に $\cos^2 B$ を加えると

$$4\sin^2 C - 4\sqrt{3}\cos B\sin C + 4\cos^2 B = \sin^2 B + \cos^2 B$$

つまり

$$X = 4\cos^2 B + 4\sin^2 C - 4\sqrt{3}\cos B\sin C = 1$$

となることが示せる。

(iii)　最後の花子さんの「今まではずっと $A=60°$ の場合を考えてきたんだけど,$A=120°$ で $B=30°$ の場合を考えてみたよ。$\cos B$ と $\sin C$ の値を求めて,X の値を計算したら,この場合にも 1 になったんだよね」の部分についての証明

$$C = 180° - (A+B) = 180° - (120° + 30°) = 30°$$

であるから，$\cos B = \cos 30° = \dfrac{\sqrt{3}}{2}$，$\sin C = \sin 30° = \dfrac{1}{2}$ より

$$X = 4\cos^2 B + 4\sin^2 C - 4\sqrt{3}\cos B \sin C$$
$$= 4 \cdot \left(\dfrac{\sqrt{3}}{2}\right)^2 + 4 \cdot \left(\dfrac{1}{2}\right)^2 - 4\sqrt{3} \cdot \dfrac{\sqrt{3}}{2} \cdot \dfrac{1}{2}$$
$$= 1$$

となり，確かに $X = 1$ となる。

解 説

　本問は，宿題を解いていく過程で気づいたことについて，太郎さんと花子さんの会話に即しながら考えていく問題である。三角比に関する設問を，論理(必要条件や十分条件)に絡めて出題した内容になっている。三角比に関する設問では，正弦定理などを用いて解決していく。余弦定理や三角形の面積の公式などについても基本的な知識は使える形で身につけておきたい。

　近似した数値によって「証明された」とするのは，数学的な証明とはいえない。その点は数学と他の自然科学とでアプローチの仕方が大きく違う点である。本問は，「数学的な証明とはいかなるものか」について，その"証明の厳密さ"を認識させるという側面ももっている。

演習問題 3 — 3 　　　　　◆　問　題

参考問題例1〔3〕　((2)の(ii)は改題)

　引っ越しのとき，大きい荷物の搬入に右のよう
なクレーン車を使用することがある。

　クレーン車に関する名称を右の図のようにし，
アームの先端をA，アームの支点をBとする。ア
ームの支点Bはどのクレーン車においても地面か
ら1.8mの高さにあり，作業する地面は，つね
に水平であるとする。また，支点Bを通る水平面
とアームを線分とみたてたABとのなす角の大
きさをアームの角度と呼ぶことにし，アームの角
度は90°を超えないものとする。次の問いに答え
よ。ただし，必要に応じて115ページの三角比の
表を用いてもよい。

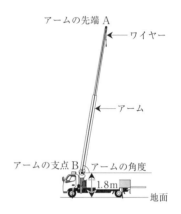

(1)　アームの長さ AB を10mとし，長さは変えないものとする。

　(i)　下の図はクレーン車と荷物の位置関係を真上から見たものであり，クレーン車
のアームの支点Bから荷物の中心Xまでの水平距離は5mである。アームの先
端Aが荷物の中心Xの真上にくるようにするためには，アームの角度は何度にす
ればよいかを求めよ。 $\boxed{\text{アイ}}$°。

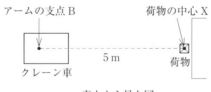

真上から見た図

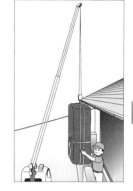

(ⅱ)　下の図のように，クレーン車と建物の間に電線がある場合を考える。電線はA，B，Xを通る平面に垂直で，地面から 5m の高さにあり，クレーン車のアームの支点Bから電線までの水平距離は 2m である。アームが電線の上側にあるときのアームの角度を，下の⓪～⑦のうちから**すべて選べ**。　ウ

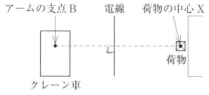

アームの支点B　　電線　　荷物の中心 X

荷物

クレーン車

真上から見た図

⓪　40°　　　　①　45°　　　　②　50°　　　　③　55°

④　60°　　　　⑤　65°　　　　⑥　70°　　　　⑦　75°

(2)　アームの全長が 8m であり，アームの先端Aから 3m の支点Cで屈折できるようなクレーン車がある。このとき，支点Bを通る水平面と，線分 BC 及び線分 AB のなす角をそれぞれアームの角度，アームの先端までの角度と呼ぶことにする。ただし，アームの長さは変えないものとする。

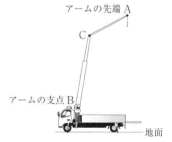

(ⅰ)　次の図のように，支点Cで 60°屈折させる。このときのアームの角度とアームの先端までの角度を比べるために，∠CBA の大きさを知りたい。∠CBA の大きさとして，最も近いものを，次の⓪～⑦のうちから一つ選べ。ただし，点Dは，支点Bを通る水平面上にあるアームの先端Aの真下の点とし，点A，B，C，Dは，すべて同一平面上にあるものとする。　エ

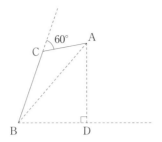

⓪	15°	①	17°	②	20°	③	22°
④	25°	⑤	27°	⑥	30°	⑦	32°

(ii) 下の図のように，支点Cで角度 θ_1 だけ屈折させる。アームの角度が θ_2 のとき，支点Bを通る水平面上において，アームの先端Aの真下の点Dと，屈折させる前の先端A′の真下の点D′の位置を比べたい。線分DD′の長さを θ_1, θ_2 を用いて表すと，

$$\mathrm{DD'} = \boxed{\text{オ}}\{\boxed{\text{カ}} - \boxed{\text{キ}}\}$$

である。ただし，$0° < \theta_1 < 90°$, $0° < \theta_2 < 90°$, $\theta_1 < \theta_2$ とし，点A，A′，B，C，D，D′は，すべて同一平面上にあるものとする。

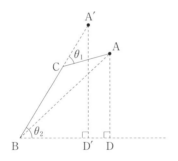

　　　$\boxed{\text{オ}}$ に当てはまる数を答えよ。また，$\boxed{\text{カ}}$, $\boxed{\text{キ}}$ に当てはまるものを，次の⓪～⑧のうちからそれぞれ一つずつ選べ。

⓪	$\cos\theta_1$	①	$\sin\theta_1$	②	$\tan\theta_1$
③	$\cos\theta_2$	④	$\sin\theta_2$	⑤	$\tan\theta_2$
⑥	$\cos(\theta_2-\theta_1)$	⑦	$\sin(\theta_2-\theta_1)$	⑧	$\tan(\theta_2-\theta_1)$

三 角 比 の 表

角度	sin	cos	tan	角度	sin	cos	tan
0°	0.0000	1.0000	0.0000	45°	0.7071	0.7071	1.0000
1°	0.0175	0.9998	0.0175	46°	0.7193	0.6947	1.0355
2°	0.0349	0.9994	0.0349	47°	0.7314	0.6820	1.0724
3°	0.0523	0.9986	0.0524	48°	0.7431	0.6691	1.1106
4°	0.0698	0.9976	0.0699	49°	0.7547	0.6561	1.1504
5°	0.0872	0.9962	0.0875	50°	0.7660	0.6428	1.1918
6°	0.1045	0.9945	0.1051	51°	0.7771	0.6293	1.2349
7°	0.1219	0.9925	0.1228	52°	0.7880	0.6157	1.2799
8°	0.1392	0.9903	0.1405	53°	0.7986	0.6018	1.3270
9°	0.1564	0.9877	0.1584	54°	0.8090	0.5878	1.3764
10°	0.1736	0.9848	0.1763	55°	0.8192	0.5736	1.4281
11°	0.1908	0.9816	0.1944	56°	0.8290	0.5592	1.4826
12°	0.2079	0.9781	0.2126	57°	0.8387	0.5446	1.5399
13°	0.2250	0.9744	0.2309	58°	0.8480	0.5299	1.6003
14°	0.2419	0.9703	0.2493	59°	0.8572	0.5150	1.6643
15°	0.2588	0.9659	0.2679	60°	0.8660	0.5000	1.7321
16°	0.2756	0.9613	0.2867	61°	0.8746	0.4848	1.8040
17°	0.2924	0.9563	0.3057	62°	0.8829	0.4695	1.8807
18°	0.3090	0.9511	0.3249	63°	0.8910	0.4540	1.9626
19°	0.3256	0.9455	0.3443	64°	0.8988	0.4384	2.0503
20°	0.3420	0.9397	0.3640	65°	0.9063	0.4226	2.1445
21°	0.3584	0.9336	0.3839	66°	0.9135	0.4067	2.2460
22°	0.3746	0.9272	0.4040	67°	0.9205	0.3907	2.3559
23°	0.3907	0.9205	0.4245	68°	0.9272	0.3746	2.4751
24°	0.4067	0.9135	0.4452	69°	0.9336	0.3584	2.6051
25°	0.4226	0.9063	0.4663	70°	0.9397	0.3420	2.7475
26°	0.4384	0.8988	0.4877	71°	0.9455	0.3256	2.9042
27°	0.4540	0.8910	0.5095	72°	0.9511	0.3090	3.0777
28°	0.4695	0.8829	0.5317	73°	0.9563	0.2924	3.2709
29°	0.4848	0.8746	0.5543	74°	0.9613	0.2756	3.4874
30°	0.5000	0.8660	0.5774	75°	0.9659	0.2588	3.7321
31°	0.5150	0.8572	0.6009	76°	0.9703	0.2419	4.0108
32°	0.5299	0.8480	0.6249	77°	0.9744	0.2250	4.3315
33°	0.5446	0.8387	0.6494	78°	0.9781	0.2079	4.7046
34°	0.5592	0.8290	0.6745	79°	0.9816	0.1908	5.1446
35°	0.5736	0.8192	0.7002	80°	0.9848	0.1736	5.6713
36°	0.5878	0.8090	0.7265	81°	0.9877	0.1564	6.3138
37°	0.6018	0.7986	0.7536	82°	0.9903	0.1392	7.1154
38°	0.6157	0.7880	0.7813	83°	0.9925	0.1219	8.1443
39°	0.6293	0.7771	0.8098	84°	0.9945	0.1045	9.5144
40°	0.6428	0.7660	0.8391	85°	0.9962	0.0872	11.4301
41°	0.6561	0.7547	0.8693	86°	0.9976	0.0698	14.3007
42°	0.6691	0.7431	0.9004	87°	0.9986	0.0523	19.0811
43°	0.6820	0.7314	0.9325	88°	0.9994	0.0349	28.6363
44°	0.6947	0.7193	0.9657	89°	0.9998	0.0175	57.2900
45°	0.7071	0.7071	1.0000	90°	1.0000	0.0000	—

演習問題3－3　◆　解答解説

解答記号	アイ°	ウ	エ	オ	カ	キ
正　解	60°	④，⑤，⑥，⑦ （4つマークして正解）	③	3	⑥	③
チェック	√		∨			

《クレーン車のアームの角度》　実用設定

(1)(ⅰ)　真横から見ると，右のようになっている。

よって，アームの角度を θ とすると

$$\cos\theta = \frac{5}{10} = \frac{1}{2}$$

が成り立つ。

これを満たす $\theta\,(0° < \theta < 90°)$ は $\theta = 60°$ である
から，アームの先端Aが荷物の中心Xの真上に
くるようにするためには，アームの角度を **60°**
にすればよい。　**→アイ**

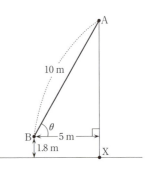

(ⅱ)　真横から見ると，右のようになる。

電線を含み地面に垂直な平面と，線分 AB（ア
ーム）との交点をC，Bを通り地面に平行な平
面上でAの真下にある点をDとすると，アーム
が電線の上側にある条件は

線分 BD の長さが2m より長く，

Cの高さが5m より長い

ことである。

$$\cos\theta = \frac{BD}{AB} \quad より \quad BD = 10\cos\theta$$

であり，また，Cの高さを $h\,[m]$ とすると

$$\tan\theta = \frac{h-1.8}{2} \quad より \quad h = 1.8 + 2\tan\theta$$

である。したがって，θ が満たすべき条件は

$$10\cos\theta > 2 \quad かつ \quad 1.8 + 2\tan\theta > 5$$

つまり

$$\cos\theta > 0.2 \quad かつ \quad \tan\theta > 1.6$$

である。

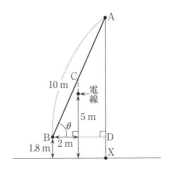

三角比の表より，この条件を満たす θ（整数値）は，$58° \leqq \theta \leqq 78°$ であるから，適する選択肢は

　　　④ $60°$，　⑤ $65°$，　⑥ $70°$，　⑦ $75°$　→ウ

である。

(2)(ⅰ)　$AC = 3$〔m〕，$BC = 5$〔m〕であり

　　　　$\angle ACB = 180° - 60° = 120°$

とわかる。そこで，三角形 ABC において，$\angle ACB$ に着目して余弦定理を用いると

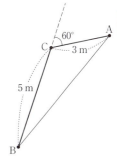

　　　$AB^2 = 3^2 + 5^2 - 2 \cdot 3 \cdot 5 \cos 120° = 49$

より，$AB = 7$〔m〕とわかる。

今度は，$\angle CBA$ に着目して余弦定理を用いると

　　　$\cos \angle CBA = \dfrac{5^2 + 7^2 - 3^2}{2 \cdot 5 \cdot 7} = \dfrac{13}{14} \fallingdotseq 0.928\cdots$

したがって，三角比の表より　　$\angle CBA \fallingdotseq 22°$

であるから，$\angle CBA$ の大きさとして，最も近いものは

　　　③ $22°$　→エ

である。

(ⅱ)　C を通り BD に平行な直線と直線 AD，AD′ の交点を H，H′ とすると

　　　$\cos \theta_2 = \dfrac{CH'}{CA'}$，　　$\cos (\theta_2 - \theta_1) = \dfrac{CH}{CA}$

であるから

　　　$DD' = HH'$

　　　　　$= CH - CH'$

　　　　　$= CA \cos (\theta_2 - \theta_1) - CA' \cos \theta_2$

　　　　　$= 3 \cos (\theta_2 - \theta_1) - 3 \cos \theta_2$

　　　　　$= \mathbf{3\{\cos(\theta_2 - \theta_1) - \cos \theta_2\}}$

オ，カ，キ に当てはまるものは，それぞれ**3，⑥，③**である。　→**オカキ**

解 説

　本問は，クレーン車で荷物を運ぶという，日常生活での話題を主題として，角度や長さを三角比を利用して考える問題である。必要に応じて，三角比の表を見ておよその角度を調べることが要求される。

　問題の条件を数式で置き換えて処理しなければならないが，その際に，「本質的な構造」を抽出した図で考えられるかどうかが最大のポイントである。三角形や四角形を抜き出して，シンプルな図で問題が要求している内容を自分できちんと把握することができるかどうかが本問攻略のカギである。

　(1)(ii)では，問題では真上から見た図が与えられているが，その図のみでは考察できないため，自分で真横から見た図を描かないといけない。自分で描いた図を元にして角についての条件式を立式し，条件を満たす角を三角比の表を参考に考えればよい。

　(2)(i)は，∠ACB に関する余弦定理を用いて AB^2 を求め，再び∠CBA に関する余弦定理から $\cos\angle CBA$ の値がわかるので，三角比の表を用いて∠CBA のおよその大きさを知ることができる。本質的な描図を抽出した図が問題に掲載されており，(2)はその図で考えればよい。

　(2)(ii)は，図で DD′ の長さを θ_1, θ_2 を用いて表す問題である。C から A′D，AD へ垂線を下ろして，直角三角形を作り，三角比の定義から必要な長さを表していけばよい。

演習問題 3 — 4　◆　問　題

オリジナル問題

　太郎さんと花子さんは三角形や四角形の面積について，先生と話をしている。三人の会話を読んで，下の問いに答えよ。

太郎：三角形 ABC について，BC $= a$，CA $= b$，AB $= c$，∠CAB $= A$，
　　　∠ABC $= B$，∠BCA $= C$ と表すことにすると，三角形 ABC の面積 S は

$$S = \frac{1}{2} b\boxed{\,*\,}$$

　　　と表すことができます。

花子：b を底辺とみたとき，$\boxed{\,*\,}$ が高さになるので，「(底辺)×(高さ)÷2」
　　　で三角形の面積が表せるということを三角比を用いて表現した式ですね。

太郎：あっ！　そういえば，

> 　右の図のような四角形 ABCD におい
> て，2 つの対角線の長さについて，
> AC $= x$，BD $= y$ とし，対角線 AC と対
> 角線 BD の交点を E とする。
> ∠AED $= \theta$ とおくとき，四角形 ABCD
> の面積 T について，$T = \dfrac{1}{2} xy\sin\theta$ が成
> り立つ。

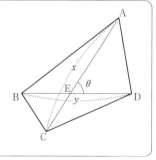

という内容を本で見たことがあるんだ。これは $S = \dfrac{1}{2} b\boxed{\,*\,}$ と関係があ
　　　るのかな。

花子：この 2 つの式は似た形をしているね。

太郎：四角形を 4 つの三角形に分割して考えると，四角形 ABCD の面積 T は

$$T = \triangle EAB + \triangle EBC + \triangle ECD + \triangle EDA$$

　　　と表せます。この 4 つの三角形の面積については，先ほどの三角形の面積
　　　の式を適用すると，EA $= a$，EB $= b$，EC $= c$，ED $= d$ とおけば

$$\triangle EAB = \frac{1}{2}\boxed{\ \ \text{ウ}\ \ }, \quad \triangle EBC = \frac{1}{2}\boxed{\ \ \text{エ}\ \ },$$

$$\triangle ECD = \frac{1}{2}\boxed{\ \ \text{オ}\ \ }, \quad \triangle EDA = \frac{1}{2}\boxed{\ \ \text{カ}\ \ }$$

> と表せます。
>
> 花子：すると，三角比に関する関係式 $\boxed{\text{キ}}$ と $x = a + c$，$y = b + d$ に着目して，
>
> T に関する式を変形していくと，確かに $T = \dfrac{1}{2}xy\sin\theta$ となりますね。

(1) $\boxed{\text{＊}}$ に当てはまるものを，次の⓪～⑨のうちから二つ選べ。ただし，解答の順序は問わない。$\boxed{\text{ア}}$，$\boxed{\text{イ}}$

⓪ $c\cos A$　　① $c\sin A$　　② $c\cos C$　　③ $c\sin C$　　④ $a\cos A$

⑤ $a\sin A$　　⑥ $a\cos C$　　⑦ $a\sin C$　　⑧ $a\sin B$　　⑨ $c\cos B$

(2) $\boxed{\text{ウ}}$，$\boxed{\text{エ}}$，$\boxed{\text{オ}}$，$\boxed{\text{カ}}$ に当てはまるものを，次の⓪～⑨のうちから一つずつ選べ。

⓪ $ad\sin\theta$　　　　　　　　　　① $ab\cos\theta$

② $ad\cos(180°-\theta)$　　　　　③ $ab\sin(180°-\theta)$

④ $cd\sin(180°-\theta)$　　　　　⑤ $bc\sin\theta$

⑥ $bc\cos(180°-\theta)$　　　　　⑦ $cd\cos(180°-\theta)$

⑧ $bd\sin\theta$　　　　　　　　　⑨ $bd\cos(180°-\theta)$

(3) $\boxed{\text{キ}}$ に当てはまるものを，次の⓪～⑦のうちから一つ選べ。

⓪ $\sin(180°-\theta) = \sin\theta$　　　　① $\sin(180°-\theta) = -\sin\theta$

② $\sin(180°-\theta) = \cos\theta$　　　　③ $\sin(180°-\theta) = -\cos\theta$

④ $\sin(90°-\theta) = \sin\theta$　　　　⑤ $\sin(90°-\theta) = -\sin\theta$

⑥ $\sin(90°-\theta) = -\cos\theta$　　　　⑦ $\sin(90°+\theta) = -\cos\theta$

先生：この四角形の面積を表す式の応用を教えてあげましょう。

　　　「トレミーの定理」とよばれる有名な定理です。

> **トレミーの定理**
>
> 　　円 K に内接する四角形 ABCD において
> $$AC \cdot BD = AB \cdot DC + AD \cdot BC$$
> が成り立つ。

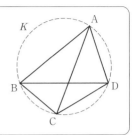

　　　「対角線の長さの積が "向かい合う辺の長さの積の和" になっている」という式です。

花子：「向かい合っている辺の長さをかける」って，イメージがつかめないわ。

太郎：けれども，「対角線の長さをかける」というのは，先ほどの四角形の面積の式にありますね。

先生：だから，トレミーの定理を四角形の面積の式で求めることができるのです。さっそく，とりかかってみましょう。

　　　まず，∠BAC と∠ ク は等しい。この角の大きさを α とおき，∠ABD の大きさを β とおくことにする。$\alpha + \beta$ を θ とおくと，先ほどの四角形の面積の式から，四角形 ABCD の面積 T は

$$T = \frac{1}{2} AC \cdot BD \sin\theta$$

と表されます。

花子：先ほどと同様に，2つの対角線 AC，BD の交点をEとすると，∠AED $= \theta$ となり，四角形の面積の式を適用すると，確かに

$T = \dfrac{1}{2} AC \cdot BD \sin\theta$ が成り立ちますね。

太郎：示したい式の中の「対角線の長さの積」が現れていますね。

先生：線分 BD の垂直二等分線に関して三角形 ABD を線対称移動したとき，点Aが移る点をFとすると，点Fは円 K 上にある。すると

$$
\begin{aligned}
T &= \triangle\text{ABD} + \triangle\text{BCD} \\
&= \triangle\,\boxed{\text{ケ}} + \triangle\text{BCD} \\
&= (\text{四角形 D}\boxed{\text{コ}}\text{の面積}) \\
&= \triangle\,\boxed{\text{コ}} + \triangle\,\boxed{\text{サ}}
\end{aligned}
$$

が成り立ちます。

花子：すると，三角形 FDB と三角形 ABD が合同であることより

$$\angle \text{FDB} = \boxed{\text{シ}}$$

であるから

$$\angle \text{FDC} = \boxed{\text{ス}}$$

がいえます。

太郎：四角形 FBCD が円に内接することから，$\angle \text{FBC} + \angle \text{FDC} = 180°$ であり，

$\angle \text{FDC} = \boxed{\text{ス}}$ なので

$$\sin \angle \text{FBC} = \sin(180° - \angle \text{FDC}) = \sin(180° - \boxed{\text{ス}}) = \sin \boxed{\text{ス}}$$

が成り立つよ。

花子：すると

$$T = \frac{1}{2} \cdot \boxed{\text{セ}} \sin \boxed{\text{ス}} + \frac{1}{2} \cdot \boxed{\text{ソ}} \sin \boxed{\text{ス}}$$

$$= \frac{1}{2}(\boxed{\text{セ}} + \boxed{\text{ソ}}) \sin \boxed{\text{ス}}$$

より

$$\frac{1}{2} \text{AC} \cdot \text{BD} \sin\theta = \frac{1}{2}(\boxed{\text{セ}} + \boxed{\text{ソ}}) \sin \boxed{\text{ス}}$$

が成り立つわ。

太郎：再び，三角形 ABD と三角形 FDB が合同であることをふまえると

$$\text{AC} \cdot \text{BD} = \text{AB} \cdot \text{DC} + \text{AD} \cdot \text{BC}$$

が成り立つことが示せたね。「トレミーの定理」の証明がこれで完了したよ。

花子：対称移動することで，向かい合う辺だった長さを隣り合う辺の長さとしてみることができるのね！

(4)　ク　に当てはまるものを，次の⓪〜⑨のうちから一つ選べ。

⓪　CAD　　①　ADC　　②　ACD　　③　BCD　　④　BCA

⑤　BDC　　⑥　ABC　　⑦　ABD　　⑧　ADB　　⑨　BAD

(5)　ケ，　コ，　サ　に当てはまるものを，次の⓪〜⑦のうちから一つずつ選べ。

⓪　ABC　　　①　CDF　　　②　FDB　　　③　ABE

④　AEC　　　⑤　BDC　　　⑥　FBC　　　⑦　EDB

(6)　シ，　ス　に当てはまるものを，次の⓪〜⑧のうちから一つずつ選べ。

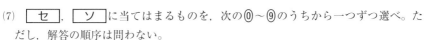

⓪　α　　①　β　　②　θ　　③　$\alpha-\beta$　　④　$\beta-\alpha$

⑤　$\alpha+\theta$　　⑥　$\beta+\theta$　　⑦　$\alpha-\theta$　　⑧　$\beta-\theta$

(7)　セ，　ソ　に当てはまるものを，次の⓪〜⑨のうちから一つずつ選べ。ただし，解答の順序は問わない。

⓪　BC·DB　　①　EB·EA　　②　FC·CD　　③　EC·EA　　④　EB·ED

⑤　FD·DC　　⑥　FD·BC　　⑦　AC·BD　　⑧　FB·DC　　⑨　FB·BC

演習問題 3 ― 4　　◆　解答解説

解答記号	ア，イ	ウ	エ	オ	カ	キ	ク	ケ	コ	サ	シ	ス	セ，ソ
正　解	①，⑦ （解答の順序は問わない）	③	⑤	④	⓪	⓪	⑤	②	⑥	①	①	②	⑤，⑨ （解答の順序は問わない）
チェック													

《四角形の面積を表す式，トレミーの定理の証明》　会話設定　考察・証明

(1) 三角形 ABC において，CA を底辺としてみたとき，高さ h は $a\sin C$ と $c\sin A$ の2通りに表せる。

$\left(\text{ちなみに，}a\sin C=c\sin A \text{ から } \dfrac{a}{\sin A}=\dfrac{c}{\sin C}\ [\text{正弦定理}]\ \text{がいえる}\right)$

よって

$$S=\frac{1}{2}bh=\begin{cases}\dfrac{1}{2}bc\sin A\\[2mm]\dfrac{1}{2}ba\sin C\end{cases}$$

と表すことができる。＊に当てはまるものは①，⑦である。　→アイ

(2)

$$\begin{cases}\triangle\text{EAB}=\dfrac{1}{2}ab\sin(180°-\theta)\\[2mm]\triangle\text{EBC}=\dfrac{1}{2}bc\sin\theta\\[2mm]\triangle\text{ECD}=\dfrac{1}{2}cd\sin(180°-\theta)\\[2mm]\triangle\text{EDA}=\dfrac{1}{2}ad\sin\theta\end{cases}$$

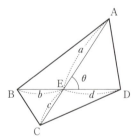

ウ，エ，オ，カに当てはまるものはそれぞれ③，⑤，④，⓪である。　→ウエオカ

(3) これらに，⓪ $\sin(180°-\theta)=\sin\theta$ と $x=a+c$，$y=b+d$ を適用して

$$T=\triangle\text{EAB}+\triangle\text{EBC}+\triangle\text{ECD}+\triangle\text{EDA}$$

$$=\frac{1}{2}ab\sin\theta+\frac{1}{2}bc\sin\theta+\frac{1}{2}cd\sin\theta+\frac{1}{2}ad\sin\theta$$

$$=\frac{1}{2}\{a(b+d)+c(b+d)\}\sin\theta$$

$$=\frac{1}{2}(a+c)(b+d)\sin\theta$$

$$= \frac{1}{2}xy\sin\theta$$

となる。 →**キ**

(4) 弧 BC に対する円周角は等しいので，∠BAC = ∠**BDC**

である。**ク**に当てはまるものは⑤である。 →**ク**

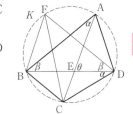

∠ABD = β とおくと，三角形 ABE の E での外角∠AED

は隣り合わない内角の和に等しいから

$$\angle AED = \angle BAE + \angle ABE = \alpha + \beta = \theta$$

つまり，∠AED = θ がわかる。

これより，四角形の面積の式から

$$T = \frac{1}{2}AC \cdot BD \sin\theta$$

が成り立つことがわかる。

(5) $T = \triangle ABD + \triangle BCD$

  $= \triangle$**FDB** $+ \triangle BCD$

  $= ($四角形 D**FBC** の面積$)$

  $= \triangle$**FBC** $+ \triangle$**CDF**

が成り立つ。**ケ**，**コ**，**サ**に当てはまるものはそれぞれ②，⑥，①である。

→**ケコサ**

(6) $\triangle ABD \equiv \triangle FDB$ より，対応する角が等しく

  $\angle FDB = \angle ABD = \boldsymbol{\beta}$

であるから

  $\angle FDC = \angle FDB + \angle BDC = \beta + \alpha = \boldsymbol{\theta}$

が成り立つ。**シ**，**ス**に当てはまるものはそれぞれ①，②である。 →**シス**

(7) $T = \triangle$CDF $+ \triangle$FBC

  $= \frac{1}{2}$FD$\cdot$DC$\sin\theta + \frac{1}{2}$FB$\cdot$BC$\sin\theta$

  $= \frac{1}{2}($FD$\cdot$DC $+$ FB$\cdot$BC$)\sin\theta$

より

$$\frac{1}{2}AC \cdot BD \sin\theta = \frac{1}{2}(FD \cdot DC + FB \cdot BC)\sin\theta$$

が成り立つ。セ，ソに当てはまるものは⑤，⑨（順不同）である。 →セソ

三角形 ABD と三角形 FDB が合同であることから，FD = AB，FB = AD である
から

$$\frac{1}{2}\mathrm{AC\cdot BD}\sin\theta = \frac{1}{2}(\mathrm{AB\cdot DC + AD\cdot BC})\sin\theta$$

が成り立ち，この両辺を $\frac{1}{2}\sin\theta$（ $\neq 0$ ）で割ることで

$$\mathrm{AC\cdot BD = AB\cdot DC + AD\cdot BC}$$

が成り立つことが示せた。「トレミーの定理」の証明がこれで完了した。

解　説

　本問は，前半が三角形の面積から発展させて四角形の面積の式の証明，後半はそれ
を利用したトレミーの定理の証明という構成になっている。適切な誘導がなされてい
るので，それにしたがって証明を完成していけばよい。今まで意味を考えずに公式を
用いていた人は，本問を通して公式の成り立ちについて考えてみてほしい。

参考1　四角形の面積を表す式は，次のように平行四辺形を用いて解釈することもで
きる。

BD と平行で点A，点Cをそれぞれ通る直線および，AC と平行で点B，点Dをそ
れぞれ通る直線を引く。いま引いた4直線に対して，交点に次のように記号をふる
ことにすると，四角形 PQRS は平行四辺形である。

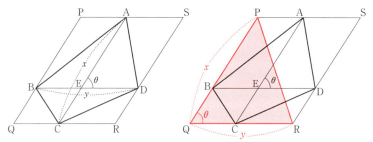

$$\triangle\mathrm{PBA} = \triangle\mathrm{EAB}, \quad \triangle\mathrm{QCB} = \triangle\mathrm{EBC},$$
$$\triangle\mathrm{RDC} = \triangle\mathrm{ECD}, \quad \triangle\mathrm{SAD} = \triangle\mathrm{EDA}$$

であるから，平行四辺形 PQRS の面積は四角形 ABCD の面積 T の2倍である。
また，平行四辺形 PQRS の面積は，三角形 PQR の面積の2倍であることから，
$T = \triangle\mathrm{PQR}$ である。PQ = AC = x，QR = BD = y，∠PQR = ∠AED = θ であるから

$$T = \triangle\mathrm{PQR} = \frac{1}{2}xy\sin\theta$$

とわかる。

参考2　トレミーの定理の証明方法は他にもいくつか知られている。ここでは，有名な証明方法を 2 つ紹介しておく。

証明方法 1（三角比を用いる方法）

$AB = a$, $BC = b$, $CD = c$, $DA = d$, $AC = x$, $BD = y$, $\angle DAB = A$, $\angle ABC = B$, $\angle BCD = C$, $\angle CDA = D$ と表すことにする。

三角形 DAB，三角形 ABC，三角形 BCD，三角形 CDA で余弦定理から

$$\cos A = \frac{a^2 + d^2 - y^2}{2ad}, \quad \cos B = \frac{a^2 + b^2 - x^2}{2ab},$$

$$\cos C = \frac{b^2 + c^2 - y^2}{2bc}, \quad \cos D = \frac{c^2 + d^2 - x^2}{2cd}$$

が成り立つ。

さらに，四角形 ABCD が円に内接するので，$A + C = B + D = 180°$ であるから，$\cos A + \cos C = \cos B + \cos D = 0$ が成り立つ。よって

$$\begin{cases} \dfrac{a^2 + d^2 - y^2}{2ad} + \dfrac{b^2 + c^2 - y^2}{2bc} = 0 \\[2ex] \dfrac{a^2 + b^2 - x^2}{2ab} + \dfrac{c^2 + d^2 - x^2}{2cd} = 0 \end{cases}$$

つまり

$$\begin{cases} y = \sqrt{\dfrac{(ab + cd)(ac + bd)}{ad + bc}} \\[2ex] x = \sqrt{\dfrac{(ad + bc)(ac + bd)}{ab + cd}} \end{cases}$$

が成り立ち，これらより，$xy = ac + bd$ が成り立つ。

証明方法 2（補助線と三角形の相似を用いる方法）

次の図のように，点 U を弧 BD 上に $\angle BAC = \angle UAD$ となるようにとり，AU と BD の交点を V とする。

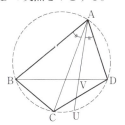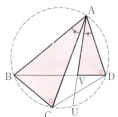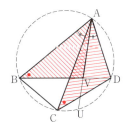

△ABC∽△AVD より

AC : BC = AD : VD　つまり　BC・AD = AC・VD　……①

が成り立ち，△ABV∽△ACD より

BV : AB = CD : AC　つまり　AB・CD = BV・AC　……②

が成り立つ。

①，②の辺々を加えて

BC・AD + AB・CD = AC・VD + BV・AC

= AC・(VD + BV)

= AC・BD

が得られる。

第4章

データの分析

第4章　データの分析　傾向分析

　「データの分析」は現行教育課程から「数学 I」で取り上げられるようになった分野であり，センター試験では 2015 年度より出題されました。もともと具体的な統計を扱う分野なので，センター試験でも基本的には実用的な設定で出題されており，他の分野とは異なり，穴埋め式の問題よりも選択式の問題が中心となっていました。

　プレテストや 2021 年度本試験でもこの傾向は大きくは変わらず，『数学 I・数学A』の中では，比較的形式面の変更が少ない分野と言えます。とはいえ，モニター調査と 2 回のプレテストでは**会話形式で出題**され，従来よりも考察的な内容になっています。また，第 2 回プレテストでは，グラフなどから統計データを読み取る問題は出題されず，相関係数や相関係数と散布図の関係を考察する問題が出題されました。さらに，2021 年度本試験第 2 日程では平均値や分散の式についての出題が見られました。これらの問題に対応するためには，統計データや数式についての本質的な理解が求められます。

● 出題項目の比較（データの分析）

試　験	大　問	出題項目	配　点
2021 本試験 （第 1 日程）	第 2 問〔2〕 （実戦問題）	箱ひげ図，ヒストグラム，データの相関 （実用）	15 点
2021 本試験 （第 2 日程）	第 2 問〔2〕	散布図，ヒストグラム，平均値，分散 （実用）	15 点
第 2 回プレテスト	第 2 問〔2〕	データの散らばり，データの相関（会話， ICT 活用）	19 点
第 1 回プレテスト	第 2 問〔2〕 （演習問題 4 − 2）	データの散らばり，データの相関（会話， 実用）	—
モニター調査 （7 月公表分）	モデル問題例 3 （演習問題 4 − 1）	データの散らばり，データの相関（会話， 実用）	—
2020 本試験	第 2 問〔2〕	ヒストグラム，箱ひげ図，データの相関 （実用）	15 点
2019 本試験	第 2 問〔2〕	ヒストグラム，箱ひげ図，データの相関 （実用）	15 点

2018 本試験	第 2 問〔2〕	ヒストグラム，箱ひげ図，データの相関（実用）	15 点

 ## 学習指導要領における内容と目標（データの分析）

> 　統計の基本的な考えを理解するとともに，それを用いてデータを整理・分析し傾向を把握できるようにする。
> ア．データの散らばり
> 　四分位偏差，分散及び標準偏差などの意味について理解し，それらを用いてデータの傾向を把握し，説明すること。
> イ．データの相関
> 　散布図や相関係数の意味を理解し，それらを用いて二つのデータの相関を把握し説明すること。

演習問題 4 ― 1

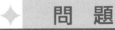

モニター調査（7月公表分）　モデル問題例3

太郎さんと花子さんは，47都道府県の生活時間に関する調査について話している。
二人の会話を読んで，以下の問いに答えよ。

睡眠時間が長い東北地方

　一日の睡眠時間の平均を都道府県別にみると，秋田県が7時間41分と最も長く，次いで青森県が7時間40分などとなっており，東北地方で長くなっている。

表1　「都道府県別睡眠時間の上位8都道府県」

順位	都道府県	睡眠時間
1	秋田県	7時間41分（461分）
2	青森県	7時間40分（460分）
3	岩手県	7時間38分（458分）
3	高知県	7時間38分（458分）
5	長野県	7時間37分（457分）
6	福島県	7時間35分（455分）
7	山形県	7時間33分（453分）
7	熊本県	7時間33分（453分）

太郎：どうして東北の県は睡眠時間が長いのかな。東北の特徴ってなんだろう？

花子：東北はやっぱり平均気温が低いので，寒い地域の睡眠時間が長いのかしら。

太郎：①平成22年の各都道府県の一年間の平均気温のデータによると，睡眠時間の長い八つの県の平均は13.74℃で，47都道府県全体の平均15.79℃より低いから，47都道府県全体の平均よりも平均気温が低い県が睡眠時間が長いと言えるね。

花子：これだけでそんなこと言えるのかしら。

(1)　47都道府県全体の平均より平均気温が低い都道府県が睡眠時間が長いという結論を得るには下線部①では根拠として不十分である。その理由として最も適切なものを，次の⓪～③のうちから一つ選べ。　　ア

　⓪　表1の八つの県の平均気温の中央値も調べる必要があるから。

　①　表1の八つの県の最低気温の平均値も調べる必要があるから。

　②　表1の八つの県以外の都道府県のデータも調べる必要があるから。

　③　表1の八つの県に東北以外も含まれているが，それを除外していないから。

花子：もっと詳しく調べましょうよ。

太郎：何を調べたらわかるのかな。

花子：一年間の平均気温と睡眠時間の散布図から考えてみましょう。

　二人は 47 都道府県ごとの一年間の平均気温と一日の睡眠時間の平均を調べて散布図をかいてみたところ図 1 のようになった。

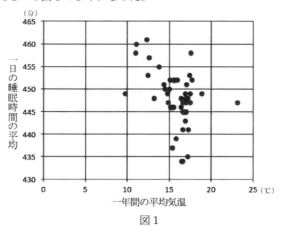

図 1

太郎：よく見ると図 2 のように，グラフは斜めの傾向の都道府県と垂直の傾向の都道府県の二つのグループに分けることができそうだね。

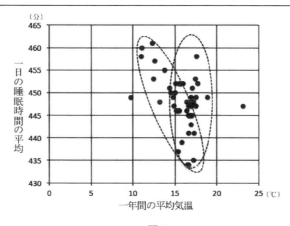

図 2

花子：それぞれ，どんな都道府県なのかしら。調べてみよう。…………。
　　　わかったわ。信越地方までの東日本と東海地方を含めた西日本に分けて散
　　　布図を作ってみたら図3と図4のようになったわ。

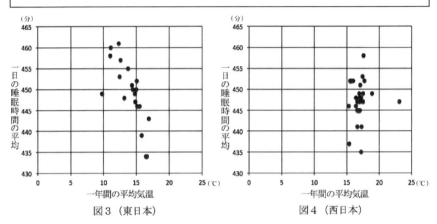

図3（東日本）　　　　　　　図4（西日本）

(2)　図1の一年間の平均気温と睡眠時間の相関係数として最も近いものを，次の⓪〜
⑤のうちから一つ選べ。　イ

　⓪　−3.0　　①　−0.8　　②　−0.4　　③　0.0　　④　0.4　　⑤　0.8

(3)　図1〜図4から読み取れる事柄として正しいものを，次の⓪〜⑤のうちからすべ
て選べ。　ウ

　⓪　一年間の平均気温が低いほど睡眠時間が長い傾向は，東日本の方が47都道府
　　県全体より弱い。
　①　一年間の平均気温が低いほど睡眠時間が長い傾向は，東日本の方が47都道府
　　県全体より強い。
　②　東日本では一年間の平均気温と睡眠時間の間に相関はほとんどない。
　③　一年間の平均気温が低いほど睡眠時間が長い傾向は，西日本の方が47都道府
　　県全体より弱い。
　④　一年間の平均気温が低いほど睡眠時間が長い傾向は，西日本の方が47都道府
　　県全体より強い。
　⑤　西日本では一年間の平均気温と睡眠時間の間に相関はほとんどない。

花子：東日本と西日本では平均気温と睡眠時間の傾向に大きな違いがあるね。
　　　平均気温以外にも睡眠時間に関係しそうな事柄はないかしら。
太郎：仕事が忙しい人って，睡眠時間が短くなりそうだね。
花子：通勤・通学に時間がかかる人は，早起きをしなければならなそうよ。

　そこで，二人は生活時間に関する調査結果から，47 都道府県ごとの一日の仕事時間と通勤・通学時間の平均を調べて，睡眠時間の平均との散布図をそれぞれ作ることにした。

　図 5，図 6 はその結果である。

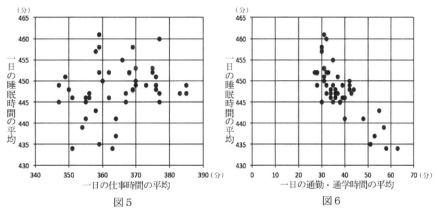

図 5　　　　　　　　　　　　　　　　　図 6

太郎：散布図をみれば仕事時間と睡眠時間の相関はあまりないね。
　　　通勤・通学時間が長いほど睡眠時間が短い傾向にあることがわかるね。
花子：東日本・西日本に分けて，散布図をかいてみると図 7 と図 8 のようになったわ。

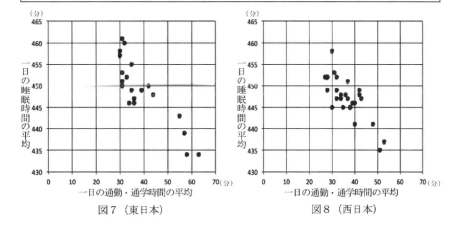

図 7　（東日本）　　　　　　　　　　　図 8　（西日本）

(4)　図6の一日の通勤・通学時間の平均の箱ひげ図を，次の⓪〜④のうちから一つ選べ。　エ

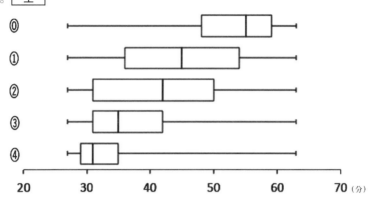

(5)　太郎さんと花子さんがこれまで行ってきた問題解決の過程と結果から正しいと判断できる事柄を，次の⓪〜⑤のうちから<u>すべて</u>選べ。　オ

⓪　平均気温，仕事時間，通勤・通学時間のうち，睡眠時間と最も相関が強いのは仕事時間である。

①　東日本では，平均気温が低いほど通勤・通学時間が長くなる。

②　西日本では，睡眠時間は，平均気温より通勤・通学時間の方が相関が強い。

③　睡眠時間と通勤・通学時間との間には，東日本，西日本ともに負の相関がある。

④　睡眠時間が短い原因は平均気温が低いことにある。

⑤　平均気温が低いほど通勤・通学時間が短くなる傾向にあり，そのために睡眠時間が長くなる。

演習問題 4 ― 1　　　解答解説

解答記号	ア	イ	ウ	エ	オ
正　解	②	②	①，③，⑤ （3つマークして正解）	③	②，③ （2つマークして正解）
チェック					

《複数の散布図の考察》　　会話設定　実用設定

(1) 「"47 都道府県全体の平均より平均気温が低い都道府県が睡眠時間が長い"とい
う結論を得るには下線部①では根拠として不十分である」理由は，47 都道府県全
体の平均より平均気温が低い都道府県すべてについての考察を行ったわけではなく，
表1にある八つの県のデータについてしか調べていないためである。

よって，理由として最も適切なものは

　② 表1の八つの県以外の都道府県のデータも調べる必要があるから。

である。　→ア

ただし，厳密には，「表1の八つの県以外の都道府県で，47 都道府県全体の平均よ
り平均気温が低い都道府県（あるのかどうかも含めて）のデータも調べる必要があ
る」が正確である。

(2) 相関係数は −1 以上 1 以下の値であるから，選択肢の⓪は正しくないことがわか
る。

また，図1の散布図では，負の相関が認められるので，選択肢の①−0.8 か
②−0.4 の 2 つのうちから最も近いものを選べばよい。

右下がりの直線状に分布する傾向から少し外れるデータがいくつかあるので，相関
係数として最も近いものは，②の−0.4 である。　→イ

(3) 図2と太郎さんの発言から，グラフは「斜めの傾向」と「垂直の傾向」の二つの
グループに分けることができ，図3から「斜めの傾向」は東日本を表しており，図
4から「垂直の傾向」は西日本を表していることがわかる。したがって，⓪は正し
くなく，①が正しい。

②について，図3より，東日本では一年間の平均気温と睡眠時間の間には負の相関
関係があることがわかるので，「相関はほとんどない」という記述は正しくない。

また，⓪と①で行った考察と同じ内容であるから，③が正しく，④は正しくない。

⑤の「西日本では一年間の平均気温と睡眠時間の間に相関はほとんどない」という

記述は正しい。

以上より，正しいものは①，③，⑤である。　→ウ

(4)　（第2四分位数（中央値）は30半ばの値で）第3四分位数は約40であるものを
選択肢から選べばよく，図6の箱ひげ図は③と判断できる。　→エ

(5)　⓪　図5をみると，一日の睡眠時間の平均と一日の仕事時間の平均との間には相
関関係は認められないため，⓪は正しくない。

　①　図3と図7をみて考える。まず，図3から，東日本では，平均気温が低いほど
睡眠時間が長くなる傾向が確認できる。また，図7から，睡眠時間が長くなるほ
ど通勤・通学時間が短くなる傾向が確認できる。これらのことをあわせると，平
均気温が低いほど通勤・通学時間が短くなるといえる。よって，「東日本では，
平均気温が低いほど通勤・通学時間が長くなる」という記述は正しくない。

　②　図4から，西日本では，睡眠時間と平均気温との間に相関関係は確認できない。
一方，図8から，西日本では，睡眠時間と通勤・通学時間との間に負の相関関係
が確認できる。したがって，「西日本では，睡眠時間は，平均気温より通勤・通
学時間の方が相関が強い」という記述は正しい。

　③　図7から，東日本では睡眠時間と通勤・通学時間の間には負の相関があること
がわかり，図8から，西日本では睡眠時間と通勤・通学時間の間には負の相関が
あることがわかる。よって，「睡眠時間と通勤・通学時間との間には，東日本，
西日本ともに負の相関がある」という記述は正しい。

　④　因果関係については判断できないので，正しくない。

　⑤　因果関係については判断できないので，正しくない。

　よって，正しいと判断できるものは，②，③である。　→オ

解説

　本問は，平均気温と睡眠時間との関係について，複数の散布図を参照しながら考察
する問題である。

　(2)では相関係数のおよその値を読み取ることが要求されている。たくさん散布図を
みて，この散布図ならこれくらいの相関係数であるという判断がつくようにしておこ
う。全体としても代表値などの統計量を計算することは要求されていないところが本
問の特徴である。

　(5)では，仕事時間や通勤・通学時間などを含めたさまざまな記述に関する正誤を判
断しなければならない。一つ一つの選択肢を確認する必要があるので時間がかかる。
特に，いくつもの図を複合的にみて，情報を統合して考えなければならない①のよう
な選択肢の判断は難しい。また，相関関係について確認できても因果関係についての
主張はできないことにも留意したい。

演習問題 4 ― 2　　◆　問　題

第 1 回プレテスト　第 2 問〔2〕　（一部割愛）

　地方の経済活性化のため，太郎さんと花子さんは観光客の消費に着目し，その拡大に向けて基礎的な情報を整理することにした。以下は，都道府県別の統計データを集め，分析しているときの二人の会話である。会話を読んで下の問いに答えよ。ただし，東京都，大阪府，福井県の 3 都府県のデータは含まれていない。また，以後の問題文では「道府県」を単に「県」として表記する。

> 太郎：各県を訪れた観光客数を x 軸，消費総額を y 軸にとり，散布図をつくると図 1 のようになったよ。
> 花子：消費総額を観光客数で割った消費額単価が最も高いのはどこかな。
> 太郎：元のデータを使って県ごとに割り算をすれば分かるよ。
> 　　　北海道は……。44 回も計算するのは大変だし，間違えそうだな。
> 花子：図 1 を使えばすぐ分かるよ。

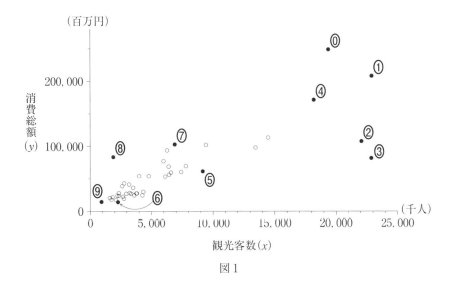

図 1

(1)　図1の観光客数と消費総額の間の相関係数に最も近い値を，次の⓪〜④のうちから一つ選べ。 ア

⓪　−0.85　　①　−0.52　　②　0.02　　③　0.34　　④　0.83

(2)　消費額単価が最も高い県を表す点を，図1の⓪〜⑨のうちから一つ選べ。 イ

花子：元のデータを見ると消費額単価が最も高いのは沖縄県だね。沖縄県の消費
　　　額単価が高いのは，県外からの観光客数の影響かな。

太郎：県内からの観光客と県外からの観光客とに分けて44県の観光客数と消費
　　　総額を箱ひげ図で表すと図2のようになったよ。

花子：私は県内と県外からの観光客の消費額単価をそれぞれ横軸と縦軸にとって
　　　図3の散布図をつくってみたよ。沖縄県は県内，県外ともに観光客の消費
　　　額単価は高いね。それに，北海道，鹿児島県，沖縄県は全体の傾向から外
　　　れているみたい。

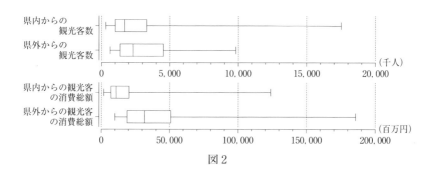

図2

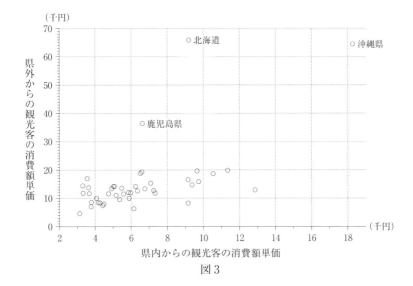

図 3

(3) 図2，図3から読み取れる事柄として正しいものを，次の⓪〜④のうちから二つ選べ。　ウ

⓪　44県の半分の県では，県内からの観光客数よりも県外からの観光客数の方が多い。

①　44県の半分の県では，県内からの観光客の消費総額よりも県外からの観光客の消費総額の方が高い。

②　44県の4分の3以上の県では，県外からの観光客の消費額単価の方が県内からの観光客の消費額単価より高い。

③　県外からの観光客の消費額単価の平均値は，北海道，鹿児島県，沖縄県を除いた41県の平均値の方が44県の平均値より小さい。

④　北海道，鹿児島県，沖縄県を除いて考えると，県内からの観光客の消費額単価の分散よりも県外からの観光客の消費額単価の分散の方が小さい。

⑷　二人は県外からの観光客に焦点を絞って考えることにした。

花子：県外からの観光客数を増やすには，イベントなどを増やしたらいいんじゃ
　　　ないかな。
太郎：44県の行祭事・イベントの開催数と県外からの観光客数を散布図にする
　　　と，図4のようになったよ。

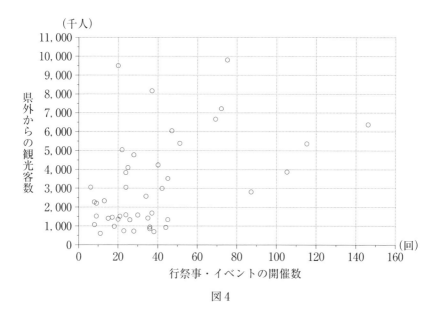

図4

　　図4から読み取れることとして最も適切な記述を，次の⓪〜④のうちから一つ選
べ。｜ エ ｜
⓪　44県の行祭事・イベント開催数の中央値は，その平均値よりも大きい。
①　行祭事・イベントを多く開催し過ぎると，県外からの観光客数は減ってしまう
　　傾向がある。
②　県外からの観光客数を増やすには行祭事・イベントの開催数を増やせばよい。
③　行祭事・イベントの開催数が最も多い県では，行祭事・イベントの開催一回当
　　たりの県外からの観光客数は 6,000 千人を超えている。
④　県外からの観光客数が多い県ほど，行祭事・イベントを多く開催している傾向
　　がある。

（本問題の図は，「共通基準による観光入込客統計」（観光庁）をもとにして作成して
いる。）

演習問題 4 − 2　　◆ 解答解説

解答記号	ア	イ	ウ	エ
正　解	④	⑧	②, ③（2つマークして正解）	④
チェック				

《観光客の消費についての分析》　　会話設定　実用設定

(1)　観光客数（x）と消費総額（y）に強い正の相関関係があることが散布図から読み取れるので，選択肢から相関係数に最も近い値は，④の 0.83 である。　→ア

(2)　消費額単価は $\dfrac{(消費総額)}{(観光客数)}$ つまり $\dfrac{y}{x}$ であるから，消費額単価が最も高い県を表す点は，散布図上で原点と県を表す点を結ぶ直線の傾きが最も大きい点である。よって，イに当てはまるものは⑧である。　→イ

(3)　それぞれの選択肢について考えていく。選択肢のうちから正しい記述を**二つ選ぶ**ことにも注意しよう。

⓪　観光客数について，県内と県外とを対比した記述であるから，図2の観光客数についての箱ひげ図から判断することになる。しかし，この箱ひげ図からは，同じ県についての観光客数の県内と県外との比較はできないため，読み取れることとしては**正しくない**。

①　消費総額について，県内と県外とを対比した記述であるから，図2の消費総額についての箱ひげ図から判断することになる。しかし，この箱ひげ図からは，同じ県についての消費総額の県内と県外との比較はできないため，読み取れることとしては**正しくない**。

②　消費額単価について，県内と県外とを対比した記述であるから，図3の散布図から判断することになる。この散布図については，目盛りについて注意が必要である。次の2点に注意したい。

・横軸と縦軸で目盛りの間隔が異なること。
・縦軸の目盛りは0から始まっているが，横軸の目盛りは0ではなく2から始まっていること。

このことを鑑みて，図3において，横軸を0（千円）から始めた図で，(0, 0)と (10, 10) を通る直線（この直線が消費額単価について，県内と県外とで等しくなる線）を考え，それより上側（上側の領域にあることは，県外の方が県内より多いことを表す）にある県が44県の4分の3以上あることから，②は正しいといえる。

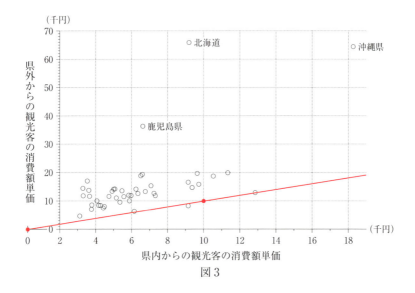

図3

③　県外からの観光客の消費額単価についての記述であるから，図3の散布図（縦軸）から判断することになる。北海道，沖縄県，鹿児島県は，消費額単価の高い3県であるから，このベスト3を加味した平均値は加味していない平均値より大きくなっている。つまり，この3県を除いた41県の平均値の方が除いていない44県の平均値より小さいので，③は正しいといえる。

④　消費額単価について，県内と県外とを対比した記述であるから，図3の散布図から判断することになる。②のときの注意を思い出して散布図をみると，県内からの観光客の消費額単価の分散よりも県外からの観光客の消費額単価の分散の方が大きいから，④は正しくない。

よって，選択肢のうちで正しいものを二つ選ぶと，②，③である。 →ウ

(4)　それぞれの選択肢について考えていく。

⓪　図4の横軸に着目して，下位データの方が上位データより密集しているので，上位データの平均値の方が，下位データの平均値よりも，全体の中央値から"離れている"ことがわかる。よって，中央値は全体の平均値よりも小さいため，⓪は正しくない。

①　「県外からの観光客数は減ってしまう」という表現に注意する必要がある。この図4では同じ県で県外からの観光客数の変化（大小ではなく増減）は読み取れないので，判断できない。よって，①は適切な記述とはいえない。

②　図4の散布図では，正の相関関係があることが読み取れるが，因果関係は主張できない。よって，行祭事・イベントの開催数を増やせば県外からの観光客が増えるとはいえないため，②は正しくない。

③　図4の縦軸は県外からの観光客数の総数であって，行祭事・イベントの開催一回当たりの県外からの観光客数ではないことに注意する。行祭事・イベントの開催数が最も多い県では，県外からの観光客数は 7,000 千人未満，行祭事・イベントの開催数は 140 回以上であるので，行祭事・イベントの開催一回当たりの県外からの観光客数は 50 千人未満である。よって，③は正しくない。

④　図4の散布図では正の相関関係があることが読み取れるので，④は正しい記述であるといえる。

したがって，図4から読み取れることとして最も適切な記述を選択肢から一つ選ぶと，④である。　→エ

解説

(1)は散布図をみて，観光客数（x）と消費総額（y）の相関係数の値を答える問題であるが，計算するわけではなく，見た目でおよその値を選択肢から選ぶ問題である。

(2)は「消費額単価」が最も高い県を表す点を特定する問題である。「消費額単価」の定義は問題文に書かれており，数学的には，xy 平面上の第1象限の点（X, Y）に対して，$\dfrac{Y}{X}$ の値のことであり，図形的には，この $\dfrac{Y}{X}$ は原点と点（X, Y）を通る直線の傾きを表している。このことに着目すれば答えることができる問題である。

この「傾き」という図形的意味を捉える問題は，センター試験『数学 I・数学 A』2018 年度本試験の第2問〔2〕でも出題されている。「単位〜」や「〜あたり」という変量に関しては，「傾き」に情報が反映されていることを知っておこう。

(3)は選択肢のうちから正しい記述を**二つ**選ぶことに注意しよう。③の考察では，代表値についての定性的な議論が要求される。

(4)は「データ分析についての数学力」というより，「統計リテラシー」を試されている問題といえる。データをみる際，グラフ，図表が視覚的に状況を把握しやすくする手段ではあるが，逆に正しくない情報をあたかも正しいように誤解させることもやり方によってはできてしまう。統計を用いて騙されないようにするための知識・知恵をもっておきたい。

演習問題 4 － 3　　　◆　問　題

オリジナル問題

　10 人の生徒に対して 10 点満点の数学の試験を実施したところ，次のような結果を得た。これをデータ A とよぶことにする。

生徒番号	1	2	3	4	5	6	7	8	9	10
得点	7	7	6	5	10	8	8	6	9	4

　生徒番号 1 から 10 の 10 人の生徒の数学の得点について，平均値は ア ，中央値は イ ，分散は ウ である。

　その後，7 点をとった生徒（生徒番号 1，2 の生徒）に関して，その際の採点に不備があることがわかり，得点を修正した。修正後の 1 番の生徒の得点は 9 点，2 番の生徒の得点は 5 点であった。この修正後のデータをデータ B とよぶことにする。データ A に比べると，データ B の

　　　　平均値は エ し，中央値は オ し，標準偏差は カ する。

(1)　 ア ， イ ， ウ に当てはまる数を答えよ。

(2)　 エ ， オ ， カ に当てはまるものを，次の⓪～②のうちから一つずつ選べ。ただし，同じものを選んでもよい。

　⓪　増加　　　　　　　　　①　減少　　　　　　　　　②　一致

　生徒番号 11 の生徒がテストのとき保健室で受験していた。この生徒の答案を採点したところ，その得点が 7 点であった。生徒番号 11 の生徒の成績をデータ B に追加したデータをデータ C とよぶことにする。すると，データ B に比べてデータ C の

　　　　平均値は キ し，中央値は ク し，標準偏差は ケ する。

(3)　 キ ， ク ， ケ に当てはまるものを，次の⓪～②のうちから一つずつ選べ。ただし，同じものを選んでもよい。

　⓪　増加　　　　　　　　　①　減少　　　　　　　　　②　一致

　翌日，生徒番号1から11までの11人に対し，10点満点の英語の試験を実施したところ，先日の数学の得点とあわせて次のような結果を得た。

生徒番号	1	2	3	4	5	6	7	8	9	10	11
数学の得点	9	5	6	5	10	8	8	6	9	4	7
英語の得点	8	5	3	4	9	9	6	5	6	3	8

(4)　この表をもとに作成した，数学の得点と英語の得点の散布図として正しいものを，次の⓪～⑤のうちから一つ選べ。　コ

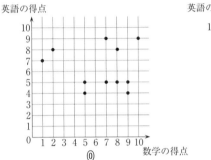

⓪

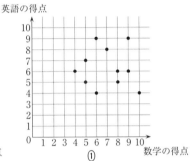

①

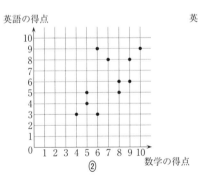

②

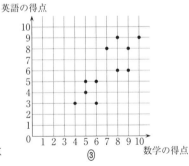

③

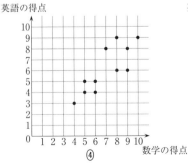

④

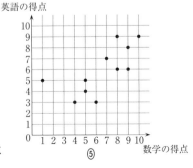

⑤

(5) 11 人の数学と英語の得点についての記述として正しいものを，次の⓪～⑨のうちから三つ選べ。ただし，解答の順序は問わない。 サ ， シ ， ス

⓪ 数学の得点が高ければ，英語の得点が高いという因果関係がいえる。

① 数学の得点が高ければ，英語の得点が低いという因果関係がいえる。

② 散布図の縦軸と横軸を逆にすると，相関係数の符号が変わる。

③ 散布図の縦軸と横軸を逆にすると，相関係数は逆数値になる。

④ 散布図の縦軸と横軸を逆にしても，相関係数は変わらない。

⑤ 数学の得点と英語の得点には負の相関関係がある。

⑥ 数学の得点と英語の得点には相関関係がない。

⑦ 数学の得点と英語の得点には正の相関関係がある。

⑧ 数学の得点が高い 6 人と英語の得点が高い 6 人は同じである。

⑨ 数学の得点が低い 3 人と英語の得点が低い 3 人は同じである。

演習問題4－3　　　　　◆　解答解説

解答記号	ア	イ	ウ	エ	オ	カ	キ	ク	ケ	コ	サ, シ, ス
正　解	7	7	3	②	②	⓪	②	②	①	③	④, ⑦, ⑧ (解答の順序は問わない。)
チェック											

《人数や得点に修正の入るデータの分析》　実用設定

(1)　10人の数学の得点の平均値は

$$\frac{1}{10}(7+7+6+5+10+8+8+6+9+4)$$

$$=\frac{70}{10}=7 \quad →ア$$

である。また，データを小さい順に並べると

4, 5, 6, 6, 7, 7, 8, 8, 9, 10

となるので，中央値は

$$\frac{7+7}{2}=7 \quad →イ$$

である。
さらに，分散は

$$\frac{1}{10}\{0^2+0^2+(-1)^2+(-2)^2+3^2+1^2+1^2+(-1)^2+2^2+(-3)^2\}$$

$$=\frac{30}{10}=3 \quad →ウ$$

である。

(2)　7点をとった生徒2人に関して，1人は2点増え，1人は2点減るので，データの合計は変化しないので，平均値は修正前と②一致する。　→エ
修正後のデータを小さい順に並べると

4, 5, 5, 6, 6, 8, 8, 9, 9, 10

となり，中央値は$\frac{6+8}{2}=7$で，中央値は修正前と②一致する。　→オ

修正後も平均値は7のままであるから，2つの7を9と5に修正すると，平均値からともに遠ざかり，平均からの散らばりが大きくなる。平均は変化せず，偏差の2乗の和が大きくなり，人数は変化しないため，分散は大きくなる。よって，分散，標準偏差は修正前より⓪増加する。　→カ

（注）　具体的に計算すると，修正後の 10 人のデータにおける偏差の 2 乗の和は

$$30 + (9-7)^2 + (5-7)^2 = 30 + 4 + 4 = 38$$

であるから，データ B の標準偏差は $\sqrt{\dfrac{38}{10}}$ である。

データ A の標準偏差は $\sqrt{\dfrac{30}{10}}$ なので，標準偏差は修正前より増加する。

(3)　生徒番号 11 の生徒を含めた 11 人の得点について，10 人の平均が 7 で，生徒番号 11 の生徒の得点も 7 点であるから，平均値は②一致する。　→キ

11 人のデータを小さい順に並べると

　　　4,　5,　5,　6,　6,　7,　8,　8,　9,　9,　10

となり，中央値は 7 であり，中央値は②一致する。　→ク

生徒番号 11 の生徒の得点が 7 点で，これは生徒番号 1 から 10 の 10 人の平均値と一致しているので，平均は変化せず，偏差の 2 乗の和も変化せず，同じ正の値をとるが，人数が増えるため，分散は小さくなる。つまり，平均からの散らばりが小さくなる。よって，分散，標準偏差は追加前より①減少する。　→ケ

（注）　具体的に計算すると，10 人のデータにおける偏差の 2 乗の和は 38 であるから，11 人のデータにおける偏差の 2 乗の和は

$$38 + (7-7)^2 = 38$$

であり，データ C の標準偏差は $\sqrt{\dfrac{38}{11}}$ である。データ B の標準偏差は $\sqrt{\dfrac{38}{10}}$ なので，標準偏差は追加前より減少する。

(4)　生徒番号 3 と生徒番号 8 の成績を両方正しく反映しているものは③の散布図のみであり，③の散布図は，他の生徒の成績も正しく反映している。コに当てはまるものは③である。　→コ

(5)　散布図からいえることは相関関係の有無であり，因果関係については散布図からは何もいえないので，⓪，①はともに正しくない。

また，散布図の軸の取り方を入れ替えても相関係数は変わらないので，②，③はともに正しくなく，④は正しい。

(4)で選んだ散布図③を見て判断すると，正の相関関係があることを読み取れることから，⑤，⑥はともに正しくなく，⑦は正しい。

⑧，⑨については，得点表から考えることもできるが，(4)で選んだ散布図③を見て判断する方が効率的であろう。これを見ると，数学の得点が高い 6 人と英語の得点が高い 6 人は一致しており，数学の得点が低い 3 人と英語の得点が低い 3 人は一致していないので，⑧は正しく，⑨は正しくない。

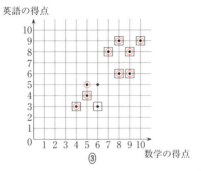

③

　以上より，数学と英語の得点についての記述として正しいものは，④，⑦，⑧である。 →**サシス**

解　説

　本問では，データの追加や修正を受けて，データの代表値の変化を考察する問題などを扱っている。まずは，代表値の定義とその意味をあわせて理解しておくことが大切である。

　例えば，2つのデータP(49, 51)とデータQ(1, 99)を比較してみるとき，平均値はともに50であるから，平均値という代表値ではこれら2つのデータの違いは表現できない。データPではともに平均値50周辺の値をとっているが，データQでは平均値からは離れた値をとっている。この平均値に対する集中度合い・散らばり度合いを数値化したものが分散・標準偏差である。偏差（各データの値から平均値を引いたもの）の平均を考えると，プラスマイナスが打ち消しあって常に0となるため，偏差の2乗の平均を考える。2乗することで平均から離れていることを累積して計算できる。この偏差の2乗の平均が分散であり，その負でない平方根を標準偏差という。ともに，平均からの散らばり度合いを数値化したものであり，値が大きいほど平均からの散らばりが大きくなっている。

　本問では，データの追加や修正を受けた際，この分散・標準偏差が大きくなるのか小さくなるのかといった定性的な議論を扱った。つまり，定量的にいくら増減したのかを求める必要はなく（求めてはいけないわけではない），分散・標準偏差が平均周りの散らばり度合いを表す指標であることと，データの修正・追加を受けて，平均周りの散らばり度合いがどう変化するかを直感的に把握できれば，定性的な結論は導けるのである。

第5章

場合の数と確率

第5章　場合の数と確率　　傾向分析

「数学A」の「場合の数と確率」「整数の性質」「図形の性質」の3つの単元うち，2つの単元を選択して解答するのは，センター試験と変更ありません。いずれの単元も大問1題が出題されて，配点が各20点となっているのもセンター試験と同じです。

「場合の数と確率」は，センター試験では，近年「条件付き確率」の出題が必出となっていましたが，プレテストおよび2021年度本試験のいずれの日程でも「条件付き確率」が問われました。

特に，第2回プレテストでは，「ベイズ統計」という考え方の一端にふれる，**数学的な背景をもつ問題**が出題されました。2021年度本試験も第1日程は会話・考察型の出題，第2日程はいわゆる「原因の確率」についてのやや難しい出題でした。一方，第1回プレテストでは，高速道路の交通量について，渋滞状況を考慮して効率のよい交通量の配分をシミュレーションするという，比較的**イメージしやすい実用的な設定**での出題でした。

● 出題項目の比較（場合の数と確率）

試　験	大　問	出題項目	配　点
2021 本試験 （第1日程）	第3問 （実戦問題）	条件付き確率（会話，考察）	20 点
2021 本試験 （第2日程）	第3問	条件付き確率	20 点
第2回プレテスト	第3問	条件付き確率（会話，背景）	20 点
第1回プレテスト	第3問 （演習問題5－1）	確率，条件付き確率（実用）	―
2020 本試験	第3問	確率，条件付き確率	20 点
2019 本試験	第3問	確率，条件付き確率	20 点
2018 本試験	第3問	条件付き確率	20 点

学習指導要領における内容と目標（場合の数と確率）

　場合の数を求めるときの基本的な考え方や確率についての理解を深め，それらを事象の考察に活用できるようにする。

ア．場合の数

　（ア）　数え上げの原則

　　集合の要素の個数に関する基本的な関係や和の法則，積の法則について理解すること。

　（イ）　順列・組合せ

　　具体的な事象の考察を通して順列及び組合せの意味について理解し，それらの総数を求めること。

イ．確　率

　（ア）　確率とその基本的な法則

　　確率の意味や基本的な法則についての理解を深め，それらを用いて事象の確率を求めること。また，確率を事象の考察に活用すること。

　（イ）　独立な試行と確率

　　独立な試行の意味を理解し，独立な試行の確率を求めること。また，それを事象の考察に活用すること。

　（ウ）　条件付き確率

　　条件付き確率の意味を理解し，簡単な場合について条件付き確率を求めること。また，それを事象の考察に活用すること。

演習問題5−1 ◆ 問　題

第1回プレテスト　第3問

　高速道路には，渋滞状況が表示されていることがある。目的地に行く経路が複数ある場合は，渋滞中を示す表示を見て経路を決める運転手も少なくない。太郎さんと花子さんは渋滞中の表示と車の流れについて，仮定をおいて考えてみることにした。

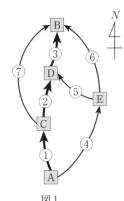

図1

　A地点（入口）からB地点（出口）に向かって北上する高速道路には，図1のように分岐点A，C，Eと合流点B，Dがある。①，②，③は主要道路であり，④，⑤，⑥，⑦は迂回道路である。ただし，矢印は車の進行方向を表し，図1の経路以外にA地点からB地点に向かう経路はないとする。また，各分岐点A，C，Eには，それぞれ①と④，②と⑦，⑤と⑥の渋滞状況が表示される。

　太郎さんと花子さんは，まず渋滞中の表示がないときに，A，C，Eの各分岐点において運転手がどのような選択をしているか調査した。その結果が表1である。

表1

調査日	地点	台数	選択した道路	台数
5月10日	A	1183	①	1092
			④	91
5月11日	C	1008	②	882
			⑦	126
5月12日	E	496	⑤	248
			⑥	248

　これに対して太郎さんは，運転手の選択について，次のような仮定をおいて確率を使って考えることにした。

┌─ 太郎さんの仮定 ─────────────────────────

(ⅰ)　表1の選択の割合を確率とみなす。

(ⅱ)　分岐点において，二つの道路のいずれにも渋滞中の表示がない場合，または
　　　いずれにも渋滞中の表示がある場合，運転手が道路を選択する確率は(ⅰ)でみな
　　　した確率とする。

(ⅲ)　分岐点において，片方の道路にのみ渋滞中の表示がある場合，運転手が渋滞
　　　中の表示のある道路を選択する確率は(ⅰ)でみなした確率の $\dfrac{2}{3}$ 倍とする。

└──────────────────────────────────────

　ここで，(ⅰ)の選択の割合を確率とみなすとは，例えばA地点の分岐において④の道路を選択した割合 $\dfrac{91}{1183} = \dfrac{1}{13}$ を④の道路を選択する確率とみなすということである。太郎さんの仮定のもとで，次の問いに答えよ。

(1)　すべての道路に渋滞中の表示がない場合，A地点の分岐において運転手が①の道路を選択する確率を求めよ。$\dfrac{\boxed{\text{アイ}}}{\boxed{\text{ウエ}}}$

(2)　すべての道路に渋滞中の表示がない場合，A地点からB地点に向かう車がD地点を通過する確率を求めよ。$\dfrac{\boxed{\text{オカ}}}{\boxed{\text{キク}}}$

(3)　すべての道路に渋滞中の表示がない場合，A地点からB地点に向かう車でD地点を通過した車が，E地点を通過していた確率を求めよ。$\dfrac{\boxed{\text{ケ}}}{\boxed{\text{コサ}}}$

(4)　①の道路にのみ渋滞中の表示がある場合，A地点からB地点に向かう車がD地点を通過する確率を求めよ。$\dfrac{\boxed{\text{シス}}}{\boxed{\text{セソ}}}$

　各道路を通過する車の台数が1000台を超えると車の流れが急激に悪くなる。一方で各道路の通過台数が1000台を超えない限り，主要道路である①，②，③をより多くの車が通過することが社会の効率化に繋がる。したがって，各道路の通過台数が1000台を超えない範囲で，①，②，③をそれぞれ通過する台数の合計が最大になるようにしたい。

　このことを踏まえて，花子さんは，太郎さんの仮定を参考にしながら，次のような仮定をおいて考えることにした。

― 花子さんの仮定 ―

(ⅰ) 分岐点において，二つの道路のいずれにも渋滞中の表示がない場合，または
いずれにも渋滞中の表示がある場合，それぞれの道路に進む車の割合は表1の
割合とする。

(ⅱ) 分岐点において，片方の道路にのみ渋滞中の表示がある場合，渋滞中の表示
のある道路に進む車の台数の割合は表1の割合の$\frac{2}{3}$倍とする。

過去のデータから5月13日にA地点からB地点に向かう車は1560台と想定してい
る。そこで，花子さんの仮定のもとでこの台数を想定してシミュレーションを行った。
このとき，次の問いに答えよ。

(5) すべての道路に渋滞中の表示がない場合，①を通過する台数は タチツテ 台と
なる。よって，①の通過台数を1000台以下にするには，①に渋滞中の表示を出す
必要がある。

①に渋滞中の表示を出した場合，①の通過台数は トナニ 台となる。

(6) 各道路の通過台数が1000台を超えない範囲で，①，②，③をそれぞれ通過する
台数の合計を最大にするには，渋滞中の表示を ヌ のようにすればよい。
ヌ に当てはまるものを，次の⓪～③のうちから一つ選べ。

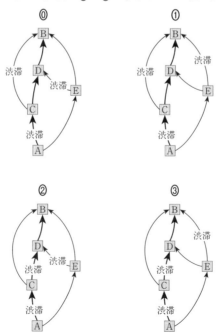

演習問題 5 ― 1　　解答解説

解答記号	アイウエ	オカキク	ケコサ	シスセソ	タチツテ	トナニ	ヌ
正　解	$\dfrac{12}{13}$	$\dfrac{11}{13}$	$\dfrac{1}{22}$	$\dfrac{19}{26}$	1440	960	③
チェック							

《確率に基づく迂回道路の選択》　　

(1)　A地点の分岐において運転手が①の道路を選択する確率は，5 月 10 日の調査から

$$\frac{1092}{1183}=\frac{12}{13}\quad →アイウエ$$

(2)　D地点を通過するのは，次の(a)，(b)の場合に限り，(a)と(b)は排反である。

　(a)　AからCそしてDへと進む場合

　CからDへと進む確率は 5 月 11 日の調査から

$$\frac{882}{1008}=\frac{7}{8}$$

である。したがって，(a)の場合の確率は

$$\frac{12}{13}\cdot\frac{7}{8}=\frac{21}{26}$$

である。

　(b)　AからEそしてDへと進む場合

　EからDへと進む確率は 5 月 12 日の調査から

$$\frac{248}{496}=\frac{1}{2}$$

である。したがって，(b)の場合の確率は

$$\frac{1}{13}\cdot\frac{1}{2}=\frac{1}{26}$$

である。

(a)，(b)より，求める確率は

$$\frac{21}{26}+\frac{1}{26}=\frac{11}{13}\quad →オカキク$$

である。

(3) (2)の(a)，(b)より，AからDへと進むとき，E地点を通過していた確率は

$$\frac{\dfrac{1}{26}}{\dfrac{21}{26}+\dfrac{1}{26}}=\frac{1}{22} \quad \to ケコサ$$

である。

(4) D地点を通過するのは，次の(c)，(d)の場合に限り，(c)と(d)は排反である。

(c) AからCそしてDへと進む場合

①の道路にのみ渋滞中の表示がある場合，AからCへと進む確率は

$$\frac{12}{13}\cdot\frac{2}{3}=\frac{8}{13}$$

である。したがって，(c)の場合の確率は

$$\frac{8}{13}\cdot\frac{7}{8}=\frac{7}{13}$$

である。

(d) AからEそしてDへと進む場合

この確率は

$$\left(1-\frac{8}{13}\right)\cdot\frac{1}{2}=\frac{5}{26}$$

である。

(c)，(d)より，求める確率は

$$\frac{7}{13}+\frac{5}{26}=\frac{19}{26} \quad \to シスセソ$$

である。

(5) すべての道路に渋滞中の表示がない場合，①を通過する台数は

$$1560\cdot\frac{12}{13}=1440 \quad \to タチツテ$$

である。

①に渋滞中の表示を出した場合，①を通過する台数は

$$1440\cdot\frac{2}{3}=960 \quad \to トナニ$$

である。

⑹　A地点からB地点に向かう車が1560台のとき，各道路を通る車の台数は次のとおりである。ただし，以下の図で---→は渋滞中の表示が出ている道路をさす。

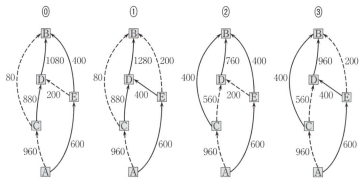

よって，各道路の通過台数が1000台を超えない範囲で，①，②，③をそれぞれ通過する台数の合計が最大となるのは，**③**のときである。　→ヌ

解説

　本問は高速道路の渋滞を解消するという現実に即した話題を，数学的にモデル化し，いくつかの仮定を設け，それに基づき渋滞を発生させないように車の流れを考える確率の問題である。車の台数についての割合を確率とみなすという考え方は目新しい。

　また，⑸の問題文中には，「期待値」の表記はないが，本質的には車の通過台数の期待値を求めさせる設問である。「期待値」は「数学B」で扱われる内容であるが，（道路を通った車の台数）÷（車の全台数）＝（車がその道路を通る確率）と定義している以上，その逆として（その道路を車が通るであろう台数）は（車の全台数）×（車がその道路を通る確率）として計算することが要求される。それが「期待値」の発想・考え方である。本問においては考え方の誘導にうまくのって解答していきたい。

演習問題 5－2 ◆ 問　題

オリジナル問題

　太郎，次郎，三郎，四郎，春子，夏実，秋代，冬美の友人8人で川へバーベキューをしに行くことになった。8人は3つのグループに分かれて作業することになり，火を管理する2人，食材を用意する3人，川で魚を釣る3人の3つの役割を分担することになった。その分かれ方の総数は ア で求まる。

(1) ア に当てはまるものを，次の⓪～⑨のうちから四つ選べ。

⓪ $_8P_2 \times _6P_3$ ① $_8P_3 \times _5P_2$ ② $_8C_2 \times _6C_3$ ③ $_8C_3 \times _5C_2$

④ $\dfrac{_8P_2 \times _6C_3}{2!}$ ⑤ $\dfrac{_8P_2 \times _6P_3}{3!}$ ⑥ $\dfrac{_8C_2 \times _6C_3}{2!}$ ⑦ $\dfrac{_8C_2 \times _6C_3}{3!}$

⑧ $\dfrac{8!}{2! \times 3! \times 3!}$ ⑨ $\dfrac{8!}{2! \times 3!}$

　少し作業を行ってから，役割を変えることになった。役割を決める前に，まず8人は2人，3人，3人の3つのグループに分かれることにした。

　3つのグループ分けが決まれば，そのグループ分けに対して，2人のグループに入った人が自ずと火を管理することになるが，3人のグループに入った人は，誰と同じグループになるかは決まるものの，食材を用意するのか，魚を釣るのかは決まっていない状態である。

　3つのグループ分けが決まれば，食材を用意するのか，魚を釣るのかどちらの役割を分担するかについては，2通りの決め方があるので，3つのグループ分けの方法が全部で N 通りあるとすると，関係式 イ が成り立ち，$N =$ ウエオ である。

(2) イ に当てはまるものを，次の⓪～⑤のうちから一つ選べ。また， ウエオ に当てはまる数を答えよ。

イ の解答群：

⓪ ア $= N \times 2$ ① $N =$ ア $\times 2$ ② ア $= N \times 3$

③ $N =$ ア $\times 3$ ④ ア $= N \times 3!$ ⑤ $N =$ ア $\times 3!$

　また，N を求める際に，次のように考えることもできる。

　まず，火を管理する2人を選ぶ。この方法は $_8C_2$ 通りある。残りの6人のうち，名前の五十音順が最も早い人に着目し，その人がどの2人と同じ3人のグループに入っ

ているのかを考えて

$$N = {}_8C_2 \times \boxed{\text{カ}}$$

とも求まる。

(3)　$\boxed{\text{カ}}$ に当てはまるものを，次の⓪〜⑨のうちから一つ選べ。

⓪ ${}_6C_2$　　　　① ${}_6C_3$　　　　② $\dfrac{{}_6C_2}{2}$　　　　③ $\dfrac{{}_6C_3}{3}$　　　　④ ${}_6P_2$

⑤ ${}_5C_2$　　　　⑥ ${}_5C_4$　　　　⑦ $\dfrac{{}_5C_2}{2}$　　　　⑧ $\dfrac{{}_5C_3}{3}$　　　　⑨ ${}_5P_2$

　もう1人バーベキューに参加することになり，計9人になった。

　改めて役割分担を考える際に，役割は後から決めることにし，今度はまず3人，3人，3人の3つのグループに分けることになった。このような3人ずつの3つのグループに分ける方法の総数は $\boxed{\text{キ}}$ で求まる。

(4)　$\boxed{\text{キ}}$ に当てはまるものを，次の⓪〜⑨のうちから三つ選べ。

⓪ ${}_9C_3 \times {}_5C_2$　　　① ${}_9C_3 \times {}_6C_3$　　　② ${}_8C_2 \times {}_5C_2$　　　③ $\dfrac{{}_9C_3 \times {}_6C_3}{3}$

④ $\dfrac{{}_9C_3 \times {}_6C_3}{3!}$　　⑤ $\dfrac{{}_9C_3 \times {}_6C_2}{3!}$　　⑥ ${}_9C_3 \times \dfrac{{}_5C_2}{2}$　　⑦ ${}_8C_2 \times \dfrac{{}_6C_3}{2}$

⑧ $\dfrac{{}_9C_3 \times {}_6C_2}{3}$　　⑨ $\dfrac{{}_9C_3 \times {}_5C_2}{3!}$

　さらに，川で遊んでいたクラスメイト5人もバーベキューに参加することになった。

　そこで，まず，バーベキューの色々な準備のために，計14人を2人，4人，4人，4人の4つのグループに，そして，最後の片づけのために3人，3人，4人，4人の4つのグループに改めて分けることにした。すると，準備のために14人を分ける方法の総数は $\boxed{\text{ク}}$ ，片づけのために14人を分ける方法の総数は $\boxed{\text{ケ}}$ で求まる。

(5)　$\boxed{\text{ク}}$ ，$\boxed{\text{ケ}}$ に当てはまるものを，次の⓪〜⑨のうちからそれぞれ五つずつ選べ。

⓪ $\dfrac{{}_{14}C_3 \times {}_{11}C_3 \times {}_8C_4}{2 \times 2}$　　① ${}_{14}C_6 \times {}_5C_2 \times \dfrac{{}_8C_4}{2}$　　② $\dfrac{{}_{14}C_3 \times {}_{11}C_3}{2} \times {}_7C_3$

③ ${}_{14}C_2 \times {}_{11}C_3 \times {}_7C_3$　　④ $\dfrac{{}_{14}C_2 \times {}_{12}C_4 \times {}_8C_4}{3!}$　　⑤ ${}_{14}C_2 \times {}_{11}C_3 \times \dfrac{{}_8C_4}{2}$

⑥ $\dfrac{{}_{14}C_4 \times {}_{10}C_4}{2} \times {}_5C_2$　　⑦ $\dfrac{{}_{14}C_4 \times {}_{10}C_4 \times {}_6C_2}{3!}$　　⑧ $\dfrac{{}_{14}C_2 \times {}_{12}C_4 \times {}_7C_3}{3}$

⑨ ${}_{14}C_6 \times {}_5C_2 \times {}_7C_3$

演習問題5－2　　◆　解答解説

解答記号	ア	イ	ウエオ	カ	キ
正　解	②, ③, ④, ⑧ （4つマークして正解）	⓪	280	⑤	②, ④, ⑦ （3つマークして正解）
チェック					

解答記号	ク	ケ
正　解	③, ④, ⑤, ⑦, ⑧ （5つマークして正解）	⓪, ①, ②, ⑥, ⑨ （5つマークして正解）
チェック		

《役割を分担することにともなうグループ分け》　　実用設定

(1)　火を管理するグループをA，食材を用意するグループをB，川で魚を釣るグループをCとする。8人の中からA，B，Cの3つのグループに分ける手順を考えていく。

　　　8人からAのための2人を選ぶ方法は $_8C_2 \left(= \dfrac{_8P_2}{2!} \right)$ 通りで，

　　　そのもとで，残りの6人からBのための3人を選ぶ方法が $_6C_3$ 通りあり，

　　　それらが決定すると，残りの3人が自動的にCとなる。

すると，分かれ方の総数は，② $_8C_2 \times _6C_3$ か④ $\dfrac{_8P_2 \times _6C_3}{2!}$ とわかる。

同様に，Bのメンバーを決めてからAのメンバーを決めると考えれば，総数は
③ $_8C_3 \times _5C_2$ とわかる。

最後に，いったん8人をランダムに一列に並べ，左から2人をAのメンバーに，次の3人をBのメンバーに，残る右から3人をCのメンバーに入れるとする。この方法だと，一列に並べた総数8!通りの中に

$$\underbrace{①, ②}_{\text{Aに入る}} \mid \underbrace{③, ④, ⑤}_{\text{Bに入る}} \mid \underbrace{⑥, ⑦, ⑧}_{\text{Cに入る}} \quad と \quad \underbrace{②, ①}_{\text{Aに入る}} \mid \underbrace{④, ⑤, ③}_{\text{Bに入る}} \mid \underbrace{⑦, ⑥, ⑧}_{\text{Cに入る}}$$

などが別々の1通りとしてカウントされるが，これらはアの総数を考える上では同じもの，すなわち1通りとしてカウントしなくてはいけない。8!通りの中に，Aの並べかえで2!通り，B，Cの並べかえでそれぞれ3!通り，計 $2! \times 3! \times 3!$ 通りの並べかえが，1通りとしてカウントしなくてはいけないもののすべてであり，アの総数は⑧ $\dfrac{8!}{2! \times 3! \times 3!}$ としても求まる。

よって，アに当てはまるものは②，③，④，⑧である。　→ア

なお，アの値は 560 となり，②，③，④，⑧以外の選択肢は値が異なる。

(2)　役割を決める前の 2 人，3 人，3 人の分かれ方に対して，それがどのような分かれ方に対しても，3 人のグループの一方が B となるか C となるかが決まれば，役割が決まる。

役割を決める前の 2 人，3 人，3 人の分け方の総数が N で，役割決定後の総数がアであるから，⓪ $\boxed{\text{ア}}$ ＝ $N×2$ の関係式が成り立つ。　→イ

ゆえに，$N = \dfrac{\boxed{\text{ア}}}{2} = \dfrac{560}{2} = 280$ とわかる。　→ウエオ

(3)　また，N を考える上で

8 人から A のための 2 人を選ぶ方法は $_8C_2$ 通りで，

そのもとで，残りの 6 人を 3 人，3 人の 2 つのグループに分けるにあたって，残りの 6 人は 6 人ともどちらかのグループには入るので，誰か特定の 1 人に着目して，その人と同じグループになる 2 人を残りの 5 人から選ぶことで，その分け方がすべて得られる。

ゆえに

$N = {}_8C_2 × {}_5C_2$

で得られる。カに当てはまるものは⑤である。　→カ

(注)　本問ではその特定の 1 人を「名前の五十音順が最も早い人」と表現しているだけである。

(4)　(2)のように，役割を決めた後に，その重複分を考える方法を(甲)，(3)のように，特定の 1 人に着目して考える方法を(乙)とよぶことにする。

いま，9 人を，役割を決めずに 3 人，3 人，3 人に分けることに対して

(ⅰ)　(甲)の考え方なら，$_9C_3 × _6C_3$ 通りで役割決定後の分け方の総数が求まり，役割決定前の 1 通りに対して役割決定後の分け方が $3!$ 通りに定まり，これがどの 1 通りの分け方に対しても同じであるから，$\boxed{\text{キ}} × 3! = {}_9C_3 × {}_6C_3$ の関係式が成立し，④ $\dfrac{{}_9C_3 × {}_6C_3}{3!}$ 通りである。

(ⅱ)　(乙)の考え方なら，特定の 1 人に着目して，その人と同じグループになる 2 人を定めると $_8C_2$ 通りで，その上で，残りの 6 人を 3 人，3 人のグループに分けることになる。

また，そのとき，その 6 人の中の特定の 1 人に着目して，その人と同じグループ

になる2人を定めると $_5C_2$ 通りで，総数は②$_8C_2 \times _5C_2$ 通りである。

(iii)　(甲)，(乙)の考え方を合わせると，特定の1人に着目して，その人と同じグループになる2人を定めると $_8C_2$ 通りで，その上で，残りの6人を3人，3人のグループに分ける分け方に(乙)の考え方を適用すると，総数は⑦$_8C_2 \times \dfrac{_6C_3}{2}$ 通りである。

これ以外の選択肢は値が異なる。よって，**キ**に当てはまるものは②，④，⑦である。　→**キ**

(5)　(4)と同様に，14人を2人，4人，4人，4人に分ける分け方に対して

・14人から2人を選び，その上で，12人を4人ずつの3つのグループに分ける $_{(*)}$ と考え

a．(4)の(i)のように考えると，(＊)の方法は，$\dfrac{_{12}C_4 \times _8C_4}{3!}$ 通りで，総数は

④$\dfrac{_{14}C_2 \times _{12}C_4 \times _8C_4}{3!}$ 通りである。

b．(4)の(ii)のように考えると，(＊)の方法は，$_{11}C_3 \times _7C_3$ 通りで，総数は

③$_{14}C_2 \times _{11}C_3 \times _7C_3$ 通りである。

c．(4)の(iii)のように考えると，(＊)の方法は，$_{11}C_3 \times \dfrac{_8C_4}{2}$ 通りで，総数は

⑤$_{14}C_2 \times _{11}C_3 \times \dfrac{_8C_4}{2}$ 通りである。

d．まず12人から4人選ぶ。その数が $_{12}C_4$ 通りであり，そのもとで，残りの8人を4人，4人の2つのグループに分ける際に，(甲)の考え方で，$_7C_3$ 通りである。しかし，この数え方では，最初に選んだ4人のグループが，残りの4人，4人の2つのグループのいずれかに現れる場合が重複して数えられており，求める総数の3倍になっているので，$\dfrac{_{12}C_4 \times _7C_3}{3}$ 通りで，総数は

⑧$\dfrac{_{14}C_2 \times _{12}C_4 \times _7C_3}{3}$ 通りである。

・14人を4人，4人，4人の3つのグループに分け，残った2人が1つのグループになると考えると，(甲)の考え方で，⑦$\dfrac{_{14}C_4 \times _{10}C_4 \times _6C_2}{3!}$ 通りである。

以上より，**ク**に当てはまるものは③，④，⑤，⑦，⑧である。　→**ク**

14人を3人，3人，4人，4人に分ける分け方に対して

・(甲)の考え方で分けるなら，役割決定後の分け方は $_{14}C_3 \times _{11}C_3 \times _8C_4$ 通りで，それぞれ役割決定前の1通りの方法から，役割決定後の分け方が 2×2 通り考えら

れるので，⓪ $\dfrac{{}_{14}\mathrm{C}_3 \times {}_{11}\mathrm{C}_3 \times {}_8\mathrm{C}_4}{2 \times 2}$ 通りである。

• 14 人のうち，3 人，3 人の 2 つのグループに入る 6 人を決めてから，残りの 8 人を 4 人，4 人の 2 つのグループに分けると考える。

　まず，14 人のうち 3 人，3 人の 2 つのグループに分ける方法は

　　　　(甲)の考え方なら，$\dfrac{{}_{14}\mathrm{C}_3 \times {}_{11}\mathrm{C}_3}{2}$ 通り

　　　　(乙)の考え方なら，${}_{14}\mathrm{C}_6 \times {}_5\mathrm{C}_2$ 通り

であり，その上で

残りの 8 人を 4 人，4 人の 2 つのグループに分ける方法は

　　　　(甲)の考え方なら，$\dfrac{{}_8\mathrm{C}_4}{2}$ 通り

　　　　(乙)の考え方なら，${}_7\mathrm{C}_3$ 通り

であるから，総数は ① ${}_{14}\mathrm{C}_6 \times {}_5\mathrm{C}_2 \times \dfrac{{}_8\mathrm{C}_4}{2}$，② $\dfrac{{}_{14}\mathrm{C}_3 \times {}_{11}\mathrm{C}_3}{2} \times {}_7\mathrm{C}_3$，⑨ ${}_{14}\mathrm{C}_6 \times {}_5\mathrm{C}_2 \times {}_7\mathrm{C}_3$

通りである。

• 14 人のうち，4 人，4 人の 2 つのグループに入る 8 人を決めるのに，(甲)の考え方で $\dfrac{{}_{14}\mathrm{C}_4 \times {}_{10}\mathrm{C}_4}{2}$ 通りで，その上で，残りの 6 人を 3 人，3 人の 2 つのグループに分けるのに，(乙)の考え方で ${}_5\mathrm{C}_2$ 通りと考えると，総数は

⑥ $\dfrac{{}_{14}\mathrm{C}_4 \times {}_{10}\mathrm{C}_4}{2} \times {}_5\mathrm{C}_2$ 通りである。

以上より，**ケ** に当てはまるものは⓪，①，②，⑥，⑨である。　→**ケ**

解 説

　本問はグループ分けの場合の数に関して，求めたい場合の数がどのような計算式で求まるのかを選択肢から選ぶ問題である。場合の数での計算式は，「足し算，引き算，掛け算，割り算の組合せ」であるから，それぞれの計算をする場面がどんなときかをきちんと認識しておこう。もう一つ，場合の数でのポイントとして，「数えたいものと何らかの対応がついているものを考え，対応関係を考慮して計算する」ことがあげられる。これら 2 つのポイントの両方の考え方を用いる典型例がグループ分けの問題である。

　そこで，まず，扱う数を小さな数とした場合でグループ分けの考え方のポイントを解説しておこう。たとえば，5 人を 2 人と 3 人からなる 2 つのグループに分ける場合の数の総数は ${}_5\mathrm{C}_2 = \dfrac{5 \cdot 4}{2 \cdot 1} = 10$ という計算では正しく求まるが，4 人を 2 人ずつからなる 2 つのグループに分ける場合の数の総数が ${}_4\mathrm{C}_2 = \dfrac{4 \cdot 3}{2 \cdot 1} = 6$ という計算では正しく求まらない。この違いをきちんと認識し，理解することが重要である。

　まず，5人（A，B，C，D，Eと名付けておく）を2人と3人に分ける方法は，
次の左の一覧にある全10通りである。

<table>
<tr><td colspan="2" align="center">全10通り</td><td align="center">全10通り</td></tr>
<tr><td>{A, B}, {C, D, E}</td><td>←→</td><td>{A, B}</td></tr>
<tr><td>{A, C}, {B, D, E}</td><td>←→</td><td>{A, C}</td></tr>
<tr><td>{A, D}, {B, C, E}</td><td>←→</td><td>{A, D}</td></tr>
<tr><td>{A, E}, {B, C, D}</td><td>←→</td><td>{A, E}</td></tr>
<tr><td>{B, C}, {A, D, E}</td><td>←→</td><td>{B, C}</td></tr>
<tr><td>{B, D}, {A, C, E}</td><td>←→</td><td>{B, D}</td></tr>
<tr><td>{B, E}, {A, C, D}</td><td>←→</td><td>{B, E}</td></tr>
<tr><td>{C, D}, {A, B, E}</td><td>←→</td><td>{C, D}</td></tr>
<tr><td>{C, E}, {A, B, D}</td><td>←→</td><td>{C, E}</td></tr>
<tr><td>{D, E}, {A, B, C}</td><td>←→</td><td>{D, E}</td></tr>
</table>

　右の一覧に書いたのは，5人から2人を選ぶ組み合わせである。「←→」は左右の
一覧のそれぞれの間に“1対1の対応関係がある”ことを示している。“1対1の対応
関係がある”とは，左の一覧の一つを指定すると，それに応じて右の一覧の一つが指
定でき，逆に，右の一覧の一つを指定すると，それに応じて左の一覧の一つが指定で
きることを表す。上での左から右の対応は，5人を2人と3人の2つのグループに分
けたグループ分けに対して，2人のグループを指定している。2人のグループは3人
のグループとは人数が違うことから，どちらを指しているかが定まる。逆に，右から
左の対応は，5人から2人を選んだ方法に対して，その2人が2人グループをなし，
選ばれなかった3人が3人グループをなすような5人の分け方を指定している。

　このように，左右の一覧で“1対1の対応関係がある”ことがわかるから，左の一
覧数を計算する際，それと同数である右の一覧数を計算すればよいことがわかる。も
ちろん，右の一覧数は，全部で $_5C_2 = \dfrac{5 \cdot 4}{2 \cdot 1} = 10$ 個ある。

　では，次に，4人（X，Y，Z，Wと名付けておく）を2人ずつの2つのグループに分ける方法を考えよう。次の中央の一覧にある全3通りである。ここで注意したいことは，グループ分け {X, Y}, {Z, W} と {Z, W}, {X, Y} は同じグループ分けであるということである。

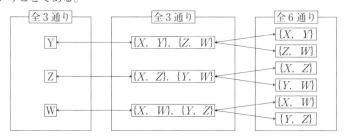

　右に書いた一覧は，4人から2人を選ぶ組合せである。その総数は $_4C_2 = \dfrac{4 \cdot 3}{2 \cdot 1} = 6$ であるが，4人から2人を選ぶ組合せとグループ分けとは，1対1の対応関係にはなっていない。2人のグループが2つあり，この2つのグループは人数による区別ができないため，4人から2人を選ぶ組合せとして，{X, Y} と，{Z, W} は組合せとしては「違う」が，「同じ」グループ分けを定めてしまうのである（この現象は，人数が同じグループが存在することから生じることであり，先ほどの5人を2人と3人のグループに分ける際には生じない）。このことから，1対1の対応関係が崩れるのであるが，注意してみると，1対2の対応関係になっていることに気づくであろう。中央の一覧にいくつのグループ分けが入っているかを求めたいのであるが，右の一覧には，$_4C_2 = \dfrac{4 \cdot 3}{2 \cdot 1} = 6$ 個の数が入っており，1対2の対応関係になっていることがわかっていることから，グループ分けの総数は，$\dfrac{_4C_2}{2} = 3$ であると計算することができる。

　一方，左の一覧には，中央の一覧に入っているグループ分けとの間に1対1の対応がつくものを書いている。対応ルールは，中央から左は，Xと同じグループに属するもう1人であり，逆は，その人をXと同じグループに入れるというルールである。このように，1対1に対応がつくことから，グループ分けの総数を左の一覧にあるものの総数として考えることができる。Xと同じグループに入る人の総数は，4人からXの1人を除いたY，Z，Wの3人から1人を選ぶ総数 $_3C_1 = 3$ である。

　本問では，中央の一覧と右の一覧との対応関係を考慮した計算による場合の数と，中央の一覧と左の一覧との1対1対応関係を考慮した場合の数の考察をテーマとした問題を扱った。

演習問題 5 ― 3

 問　題

オリジナル問題

　太郎さんと花子さんは "あっちむいてホイ" というゲームで遊んでいる。

"あっちむいてホイ" のルール説明

1. コインを投げて
　　表が出ると花子さんが攻め手
　　裏が出ると太郎さんが攻め手
　となる。

2. 攻め手は,「あっちむいて」と言ってから「ホイ」と言ったと同時に, 指を上下左右のいずれかに向ける。
　　守り手は, 相手に「ホイ」と言われたと同時に, 顔を上下左右のいずれかに向ける。

3. 指と顔が同じ方向を向けば, 攻め手の勝利となる。異なる方向を向けば, 1 に戻る。

4. どちらかが勝つまで, 1 ～ 3 を 1 セットとして繰り返す。
　　ただし, 3 セット目で勝負がつかないときは, 引き分けとなる。

　　ただし, この "あっちむいてホイ" というゲームは, 2 人が向かいあって行うので

攻め手の指が上向きで, 守り手が顔を上に向ける
〃　　　下　　　　〃　　　　　　下　〃
〃　　　右　　　　〃　　　　　　左　〃
〃　　　左　　　　〃　　　　　　右　〃

とき, 指と顔が同じ方向を向くということにする。それ以外は指と顔が異なる方向を向いているということになる。

　たとえば

- コインを投げて表が出る。すると, 花子さんが攻め手となり, 2 人は向き合う。
- 花子さんは「あっちむいて」と言ってから,「ホイ」と発声する。このとき, 花子さんの指が上向きで, 太郎さんが顔を左に向けている。
- 指と顔が同じ方向を向いていないので, 花子さんの勝利とはならず, 再びコインを投げることになる。

太郎さん，花子さんの指をさす方向，顔を向ける方向はそれぞれ

- 太郎さんは自身が攻め手のとき，$\frac{2}{5}$ の確率で指を上にさし，その他 3 方向をさす確率はそれぞれ $\frac{1}{5}$ とする。

- 太郎さんは自身が守り手のとき，右に顔を向けることはなく，その他 3 方向を向く確率はそれぞれ $\frac{1}{3}$ とする。

- 花子さんは自身が攻め手のとき，$\frac{2}{5}$ の確率で指を左にさし，その他 3 方向をさす確率はそれぞれ $\frac{1}{5}$ とする。

- 花子さんは自身が守り手のとき，上にのみ顔を向けるとする。

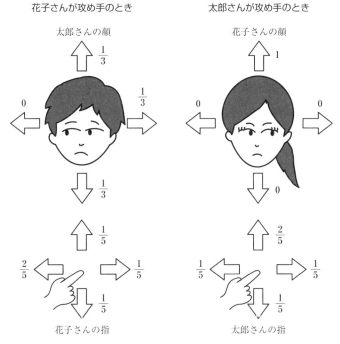

このとき

1 セット目で勝敗が決まらない確率は $\boxed{\ ア\ }$ である。

1 セット目で勝敗が決まり，花子さんが勝利する確率は $\boxed{\ イ\ }$ である。

2 セット目までで勝敗が決まり，花子さんが勝利する確率は $\boxed{\ ウ\ }$ である。

3 セット目までで勝敗が決まり，花子さんが勝利する確率は $\boxed{\ エ\ }$ である。

(1)　$\boxed{\text{ア}}$，$\boxed{\text{イ}}$ に当てはまるものを，次の⓪〜⑧のうちから一つずつ選べ。

⓪ $\dfrac{1}{10}$　　① $\dfrac{2}{10}$　　② $\dfrac{3}{10}$　　③ $\dfrac{4}{10}$　　④ $\dfrac{5}{10}$

⑤ $\dfrac{6}{10}$　　⑥ $\dfrac{7}{10}$　　⑦ $\dfrac{8}{10}$　　⑧ $\dfrac{9}{10}$

(2)　$\boxed{\text{ウ}}$，$\boxed{\text{エ}}$ に当てはまるものを，次の⓪〜⑤のうちから一つずつ選べ。

⓪　$\boxed{\text{ア}}\,(1+\boxed{\text{イ}}\,)$

①　$\boxed{\text{イ}}\,(1+\boxed{\text{ア}}\,)$

②　$\boxed{\text{ア}}\,\{1+\boxed{\text{イ}}+(\boxed{\text{イ}}\,)^2\}$

③　$\boxed{\text{イ}}\,\{1+\boxed{\text{ア}}+(\boxed{\text{ア}}\,)^2\}$

④　$\boxed{\text{ア}}\,\{1+\boxed{\text{イ}}+(\boxed{\text{イ}}\,)^2+(\boxed{\text{イ}}\,)^3\}$

⑤　$\boxed{\text{イ}}\,\{1+\boxed{\text{ア}}+(\boxed{\text{ア}}\,)^2+(\boxed{\text{ア}}\,)^3\}$

　　太郎さんと花子さんの二人は，次の日も"あっちむいてホイ"で勝負することになった。花子さんは太郎さんのくせを見抜いたため，花子さんは自分が勝利する確率を上げるための作戦として

$$\boxed{\text{オ}}$$

ことが最も有効であると考えた。

花子さんが $\boxed{\text{オ}}$ の作戦をとるとすると

　　1セット目で勝敗が決まらない確率は $\boxed{\text{カ}}$ である。

　　1セット目で勝敗が決まり，花子さんが勝利する確率は $\boxed{\text{キ}}$ である。

(3)　$\boxed{\text{オ}}$ に当てはまるものを，次の⓪〜③のうちから一つ選べ。

⓪　花子さんは自身が攻め手のときに上にのみ指をさし，
　　　　　　　自身が守り手のときは前日と同じ確率で顔を向ける

①　花子さんは自身が攻め手のときに右にのみ指をさし，
　　　　　　　自身が守り手のときは下にのみ顔を向ける

②　花子さんは自身が攻め手のときに左にのみ指をさし，
　　　　　　　自身が守り手のときは前日と同じ確率で顔を向ける

③　花子さんは自身が攻め手のときに左にのみ指をさし，
　　　　　　　自身が守り手のときは上にのみ顔を向ける

(4) 　**カ**　, 　**キ**　 に当てはまるものを，次の⓪〜⑨のうちから一つずつ選べ。

⓪ $\dfrac{6}{60}$　　　① $\dfrac{10}{60}$　　　② $\dfrac{14}{60}$　　　③ $\dfrac{18}{60}$　　　④ $\dfrac{22}{60}$

⑤ $\dfrac{39}{60}$　　　⑥ $\dfrac{40}{60}$　　　⑦ $\dfrac{42}{60}$　　　⑧ $\dfrac{44}{60}$　　　⑨ $\dfrac{45}{60}$

　　　オ　の作戦をとる前に，花子さんが勝利する確率を P_F，　**オ**　の作戦をとった

後，花子さんが勝利する確率を P_S とすると，$\dfrac{P_S}{P_F}$ に最も近い値は　**ク**　である。

(5) 　**ク**　に当てはまるものを，次の⓪〜③のうちから一つ選べ。

⓪ 1.5　　　　　① 1.75　　　　　② 2　　　　　③ 2.25

演習問題 5 － 3　　　　　　　　◆　解答解説

解答記号	ア	イ	ウ	エ	オ	カ	キ	ク
正　解	⑥	⓪	①	③	①	⑧	①	①
チェック								

《"あっちむいてホイ"の勝敗の確率》　　　　　　　実用設定

(1)　1セット目で勝敗が決まらないのは

花子さんが攻め手となり，花子さんの指の向きと太郎さんの顔の向きがあわない
太郎さんが攻め手となり，太郎さんの指の向きと花子さんの顔の向きがあわない
ときであるから，その確率は

$$\frac{1}{2} \times \left(\frac{1}{5} \times \frac{2}{3} \times 3 + \frac{2}{5} \times 1 \right) + \frac{1}{2} \times \left(\frac{1}{5} \times 1 \times 3 + \frac{2}{5} \times 0 \right) = \frac{7}{10}$$

である。アに当てはまるものは⑥である。　→ア

1セット目で勝敗が決まり，花子さんが勝利するのは

花子さんが攻め手となり，花子さんの指の向きと太郎さんの顔の向きがあう
ときであるから，その確率は

$$\frac{1}{2} \times \left(\frac{1}{5} \times \frac{1}{3} \times 3 + \frac{2}{5} \times 0 \right) = \frac{1}{10}$$

である。イに当てはまるものは⓪である。　→イ

(2)　2セット目までで勝敗が決まり，花子さんが勝利するのは

(i)　1セット目で勝敗が決まり，花子さんが勝利する

または

(ii)　1セット目は勝敗が決まらず，

2セット目で勝敗が決まり，花子さんが勝利する

ときであり，(i)の確率は　イ　，(ii)の確率は　ア　×　イ　，(i)，(ii)は排反であるから，求める確率は

$$\boxed{イ} + \boxed{ア} \times \boxed{イ} = \boxed{イ} \, (1 + \boxed{ア})$$

である。ウに当てはまるものは①である。　→ウ

(iii)　1セット目，2セット目で勝敗が決まらず，

3セット目で勝敗が決まり，花子さんが勝利する

に対して，3セット目までで勝敗が決まり，花子さんが勝利するのは

(i)または(ii)または(iii)

のときであり，(iii)の確率は $\left(\boxed{\quad\text{ア}\quad}\right)^2 \times \boxed{\quad\text{イ}\quad}$，(i)，(ii)，(iii)は互いに排反であるから，求める確率は

$$\boxed{\quad\text{イ}\quad} + \boxed{\quad\text{ア}\quad} \times \boxed{\quad\text{イ}\quad} + \left(\boxed{\quad\text{ア}\quad}\right)^2 \times \boxed{\quad\text{イ}\quad}$$

$$= \boxed{\quad\text{イ}\quad}\{1 + \boxed{\quad\text{ア}\quad} + \left(\boxed{\quad\text{ア}\quad}\right)^2\}$$

である。**エ**に当てはまるものは③である。 →**エ**

(3) 花子さんが勝利するためには，

花子さんが太郎さんの顔を向ける確率が大きい方向により大きい確率で指をさす

花子さんが太郎さんの指をさす確率が小さい方向により大きい確率で顔を向ける

方がよいので，どちらも改善されているのは，①である。 →**オ**

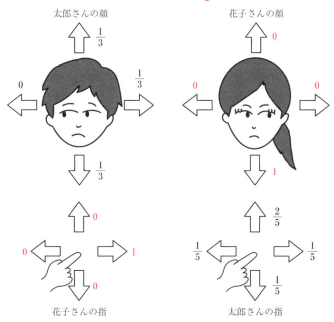

太郎さんの顔 　　　　　　　　　 花子さんの顔

花子さんの指 　　　　　　　　　 太郎さんの指

(4) **ア**と同様にして，1セット目で勝敗が決まらない確率は

$$\frac{1}{2} \times \left(1 \times \frac{2}{3}\right) + \frac{1}{2} \times \left(\frac{2}{5} \times 1 + \frac{1}{5} \times 1 \times 2\right) = \frac{11}{15}\left(= \frac{44}{60}\right)$$

イと同様にして，1セット目で勝敗が決まり，花子さんが勝利する確率は

$$\frac{1}{2} \times 1 \times \frac{1}{3} = \frac{1}{6}\left(= \frac{10}{60}\right)$$

よって，**カ**，**キ**に当てはまるものはそれぞれ⑧，①である。 →**カキ**

(5)　$P_F = \boxed{\text{エ}}$ であり

$$P_F = \boxed{\text{イ}}\left\{1 + \boxed{\text{ア}} + (\boxed{\text{ア}})^2\right\}$$

P_S も P_F と同様に

$$P_S = \boxed{\text{キ}}\left\{1 + \boxed{\text{カ}} + (\boxed{\text{カ}})^2\right\}$$

であり

$$\frac{P_S}{P_F} = \frac{\dfrac{1}{6}\left\{1 + \dfrac{44}{60} + \left(\dfrac{44}{60}\right)^2\right\}}{\dfrac{1}{10}\left\{1 + \dfrac{42}{60} + \left(\dfrac{42}{60}\right)^2\right\}}$$

となる。

$\dfrac{44}{60} > \dfrac{42}{60}$ より

$$\frac{P_S}{P_F} > \frac{\dfrac{1}{6}}{\dfrac{1}{10}} \cdot \frac{1 + \dfrac{42}{60} + \left(\dfrac{42}{60}\right)^2}{1 + \dfrac{42}{60} + \left(\dfrac{42}{60}\right)^2} = \frac{5}{3} > 1.66 \quad \cdots\cdots ①$$

$\dfrac{44}{60} < \dfrac{45}{60} = \dfrac{3}{4}$ より

$$\frac{P_S}{P_F} < \frac{\dfrac{1}{6}}{\dfrac{1}{10}} \cdot \frac{1 + \dfrac{3}{4} + \left(\dfrac{3}{4}\right)^2}{1 + \dfrac{7}{10} + \left(\dfrac{7}{10}\right)^2} = \frac{37}{96} \times \frac{1000}{219} < 1.76 \quad \cdots\cdots ②$$

であるから，$\dfrac{P_S}{P_F}$ は，選択肢の値の中でこの条件を満たすものは①の **1.75** である。

→ク

解説

　状況の把握にやや手間取るかもしれないが，1日目と2日目で細かな確率の値は変わってくるものの，操作自体は変わっていないので，その構造を読み取ることができれば，$P_S = \boxed{\text{キ}}\left\{1 + \boxed{\text{カ}} + (\boxed{\text{カ}})^2\right\}$ とすぐに気づけるはずである。

　$\dfrac{P_S}{P_F}$ は直に計算しなくてよいので，数値を評価して，いかに計算が楽にできるかがポイントであろう。

　なお，**ク**の近似値を調べる際，$\dfrac{1 + \dfrac{44}{60} + \left(\dfrac{44}{60}\right)^2}{1 + \dfrac{42}{60} + \left(\dfrac{42}{60}\right)^2}$ を 1 と近似して計算すると，

$\dfrac{5}{3} = 1.66\cdots$ となることから，選択肢のうち，最も近い値として 1.75 が選べる。

第6章

整数の性質

第6章　整数の性質　　傾向分析

　「数学A」の「場合の数と確率」「整数の性質」「図形の性質」の3つの単元うち，2つの単元を選択して解答するのは，センター試験と変更ありません。いずれの単元も大問1題が出題されて，配点が各20点となっているのもセンター試験と同じです。

　「整数の性質」は，センター試験では，現行教育課程での実施となった2015年度入試より出題されていましたが，「約数と倍数」や「1次不定方程式」が中心となっており，プレテストおよび2021年度本試験でも同様でした。センター試験では，例年第4問に配置されており，第1回プレテストでは「図形の性質」と入れ替えて第5問となりましたが，第2回プレテストでは第4問に戻され，2021年度本試験でも第4問でした。

　どちらかというと，実用的な設定にはなじまない分野と思われ，**考察的な出題や数学的な背景をもつ出題**が予想されますが，第2回プレテストでは，天秤はかりと分銅という設定で1次不定方程式を扱うという，やや実用を意識したものも出題されました。また，2021年度本試験第1日程はさいころの目によって円周上の石を動かす設定で，1次不定方程式をどのように利用すれば対処できるかを考えさせる問題でした。

● 出題項目の比較（整数の性質）

試　験	大　問	出題項目	配　点
2021 本試験 （第1日程）	第4問 （実戦問題）	不定方程式（考察）	20点
2021 本試験 （第2日程）	第4問	平方数の和（考察）	20点
第2回プレテスト	第4問	不定方程式（実用）	20点
第1回プレテスト	第5問 （演習問題6−1）	約数と倍数，不定方程式（背景）	—
2020 本試験	第4問	n進法	20点
2019 本試験	第4問	不定方程式，約数と倍数	20点
2018 本試験	第4問	約数，不定方程式	20点

学習指導要領における内容と目標（整数の性質）

> 整数の性質についての理解を深め，それを事象の考察に活用できるようにする。
>
> ア．約数と倍数
>
> 　素因数分解を用いた公約数や公倍数の求め方を理解し，整数に関連した事象を論理的に考察し表現すること。
>
> イ．ユークリッドの互除法
>
> 　整数の除法の性質に基づいてユークリッドの互除法の仕組みを理解し，それを用いて二つの整数の最大公約数を求めること。また，二元一次不定方程式の解の意味について理解し，簡単な場合についてその整数解を求めること。
>
> ウ．整数の性質の活用
>
> 　二進法などの仕組みや分数が有限小数又は循環小数で表される仕組みを理解し，整数の性質を事象の考察に活用すること。

演習問題6－1　問　題

第1回プレテスト　第5問

n を3以上の整数とする。紙に正方形のマスが縦横とも $(n-1)$ 個ずつ並んだマス目を書く。その $(n-1)^2$ 個のマスに，以下の**ルール**に従って数字を一つずつ書き込んだものを「方盤」と呼ぶことにする。なお，横の並びを「行」，縦の並びを「列」という。

ルール：上から k 行目，左から l 列目のマスに，k と l の積を n で割った余りを記入する。

$n=3$，$n=4$ のとき，方盤はそれぞれ下の図1，図2のようになる。

1	2
2	1

図1

1	2	3
2	0	2
3	2	1

図2

例えば，図2において，上から2行目，左から3列目には，$2\times3=6$ を4で割った余りである2が書かれている。このとき，次の問いに答えよ。

(1)　$n=8$ のとき，下の図3の方盤のAに当てはまる数を答えよ。［ア］

		A				

図3

また，図3の方盤の上から5行目に並ぶ数のうち，1が書かれているのは左から何列目であるかを答えよ。左から［イ］列目

(2)　$n=7$ のとき，下の図4のように，方盤のいずれのマスにも0が現れない。

1	2	3	4	5	6
2	4	6	1	3	5
3	6	2	5	1	4
4	1	5	2	6	3
5	3	1	6	4	2
6	5	4	3	2	1

図4

このように，方盤のいずれのマスにも 0 が現れないための，n に関する必要十分条件を，次の⓪～⑤のうちから一つ選べ。 ウ

⓪ n が奇数であること。

① n が 4 で割って 3 余る整数であること。

② n が 2 の倍数でも 5 の倍数でもない整数であること。

③ n が素数であること。

④ n が素数ではないこと。

⑤ $n-1$ と n が互いに素であること。

(3) n の値がもっと大きい場合を考えよう。方盤においてどの数字がどのマスにあるかは，整数の性質を用いると簡単に求めることができる。

$n=56$ のとき，方盤の上から 27 行目に並ぶ数のうち，1 は左から何列目にあるかを考えよう。

(i) 方盤の上から 27 行目，左から l 列目の数が 1 であるとする（ただし，$1 \leqq l \leqq 55$）。l を求めるためにはどのようにすれば良いか。正しいものを，次の⓪～③のうちから一つ選べ。 エ

⓪ 1 次不定方程式 $27l-56m=1$ の整数解のうち，$1 \leqq l \leqq 55$ を満たすものを求める。

① 1 次不定方程式 $27l-56m=-1$ の整数解のうち，$1 \leqq l \leqq 55$ を満たすものを求める。

② 1 次不定方程式 $56l-27m=1$ の整数解のうち，$1 \leqq l \leqq 55$ を満たすものを求める。

③ 1 次不定方程式 $56l-27m=-1$ の整数解のうち，$1 \leqq l \leqq 55$ を満たすものを求める。

(ii) (i)で選んだ方法により，方盤の上から 27 行目に並ぶ数のうち，1 は左から何列目にあるかを求めよ。左から オカ 列目

(4) $n=56$ のとき，方盤の各行にそれぞれ何個の 0 があるか考えよう。

(i) 方盤の上から 24 行目には 0 が何個あるか考える。

左から l 列目が 0 であるための必要十分条件は，$24l$ が 56 の倍数であること，すなわち，l が キ の倍数であることである。したがって，上から 24 行目には 0 が ク 個ある。

(ii) 上から 1 行目から 55 行目までのうち，0 の個数が最も多いのは上から何行目であるか答えよ。上から ケコ 行目

⑸　$n = 56$ のときの方盤について，正しいものを，次の⓪～⑤のうちから<u>すべて選</u>
　　<u>べ</u>。　サ

　　⓪　上から 5 行目には 0 がある。

　　①　上から 6 行目には 0 がある。

　　②　上から 9 行目には 1 がある。

　　③　上から 10 行目には 1 がある。

　　④　上から 15 行目には 7 がある。

　　⑤　上から 21 行目には 7 がある。

演習問題6 － 1　　◆ 解答解説

解答記号	ア	イ	ウ	エ	オカ	キ	ク	ケコ	サ
正　解	2	5	③	⓪	27	7	7	28	①，②，④，⑤ （4つマークして正解）
チェック									

《マスに書かれた余りに関する考察》　　数学的背景

(1)　$n=8$のとき，Aは上から6行目，左から3列目にあるので，Aには6×3を8で割った余りが当てはまる。よって，Aに当てはまる数は**2**である。　→ア

また，方盤の上から5行目には

　　　5×1，5×2，5×3，5×4，5×5，5×6，5×7

を8で割った余り

　　　5, 2, 7, 4, 1, 6, 3

が左から並ぶ。

よって，1が書かれているのは左から**5**列目である。　→イ

(注)　$n=8$のとき，$(8-1)^2$個の正方形のマスに，上からk行目，左からl列目のマスに，kとlの積を8で割った余りを記入した「方盤」は次のようになる。

```
1 2 3 4 5 6 7
2 4 6 0 2 4 6
3 6 1 4 7 2 5
4 0 4 0 4 0 4
5 2 7 4 1 6 3
6 4 2 0 6 4 2
7 6 5 4 3 2 1
```

(2)　方盤のいずれのマスにも0が現れないための，nに関する必要十分条件は，**③** nが素数であることである。　→ウ

(証明)　まず，「方盤のいずれのマスにも0が現れない $\Longrightarrow$ nが素数」を示す。

対偶「nが素数でない $\Longrightarrow$ 0が現れる」を示す。

nが素数でないので，2以上$n-1$以下の整数k，lを用いて，$n=kl$と書ける。

これは，上からk行目，左からl列目のマスが0である（上からl行目，左からk列目のマスも0である）ことを表している。つまり，0が現れることが示された。

次に，「nが素数 $\Longrightarrow$ 方盤のいずれのマスにも0が現れない」を示す。

nが素数のとき，2以上$n-1$以下のどんな整数k，lを用いても$n=kl$とは表せない。

これは，方盤のいずれのマスにも0が現れないことを意味する。

以上より，「方盤のいずれのマスにも 0 が現れない $\Longleftrightarrow n$ が素数」が示された。

(3)(i)　$n=56$ のとき，方盤の上から 27 行目，左から l（$1 \leqq l \leqq 55$）列目の数が 1 であるとする。これは，$27l$ を 56 で割った余りが 1 であることを表すが，このときの商を m とおくと

$$27l = 56m+1 \quad \text{すなわち} \quad 27l - 56m = 1$$

が成り立つ。これより，l を求めるためには，⓪ 1 次不定方程式 $27l - 56m = 1$ の整数解のうち，$1 \leqq l \leqq 55$ を満たすものを求めるとよい。　→エ

(ii)　(i)で選んだ方法により

$$l = \frac{56m+1}{27} \quad \text{つまり} \quad l = 2m + \frac{2m+1}{27}$$

を満たす整数 m と 55 以下の自然数 l を求めればよく，$1 \leqq l \leqq 55$ に注意すると

$$(m, \ l) = (13, \ 27)$$

のみであり，上から 27 行目に並ぶ数のうち，1 が書かれているのは，左から 27 列目（のみ）である。　→オカ

(注)　ユークリッドの互除法の計算を逆にたどる方法などでも求めることができる。

⇨演習問題 6 − 2 も参照

(4)(i)　$n=56$ のときの 24 行目について考える。左から l 列目が 0 であるための必要十分条件は，$24l$ が 56 の倍数であることである。つまり，$\dfrac{24l}{56} = \dfrac{3l}{7}$ が整数であることであるが，3 と 7 が互いに素であるから，条件は，l が 7 の倍数であることである。　→キ

1 から 55 までの自然数に 7 の倍数は 7 個あるので，上から 24 行目には 0 が 7 個ある。　→ク

(ii)　上から k（$1 \leqq k \leqq 55$）行目には，左から

$$k \cdot 1, \ k \cdot 2, \ k \cdot 3, \ \cdots\cdots, \ k \cdot 54, \ k \cdot 55$$

を 56 で割った余りがそれぞれ並んでいる。0 が最も多く並ぶ行を考えたい。つまり

$$\frac{k \cdot 1}{56}, \ \frac{k \cdot 2}{56}, \ \frac{k \cdot 3}{56}, \ \cdots\cdots, \ \frac{k \cdot 54}{56}, \ \frac{k \cdot 55}{56}$$

のうち，できるだけ多くの数が整数となるような k（$1 \leqq k \leqq 55$）を考える。

$56 = 2^3 \cdot 7$ に注意すると，求める k は 7 の倍数であり，素因数 2 をできる限り多く含む自然数であるから，$1 \leqq k \leqq 55$ の範囲では

$$k = 2^2 \cdot 7 = 28$$

である。したがって，0 の個数が最も多いのは上から 28 行目である。　→ケコ

(5)　$n=56$ のときの方盤について，上から k 行目の数のうちに整数 r（$0 \leq r \leq 55$）があるための条件は

$$kl = 56m + r \quad \text{つまり} \quad kl - 56m = r$$

を満たす整数 m と 55 以下の自然数 l が存在することである。

それぞれの選択肢について考えていく。

⓪　上から 5 行目に 0 があるための条件は，$5l - 56m = 0$ を満たす整数 m と 55 以下の自然数 l が存在することである。

5 と 56 が互いに素であることから，条件式を満たす整数 l は 56 の倍数であるが，55 以下の自然数には 56 の倍数は存在しないため，$5l - 56m = 0$ を満たす整数 m と 55 以下の自然数 l は存在しない。

よって，上から 5 行目に 0 は現れず，選択肢⓪は**正しくない**。

①　上から 6 行目に 0 があるための条件は，$6l - 56m = 0$ つまり $3l = 28m$ を満たす整数 m と 55 以下の自然数 l が存在することである。

実際に，$(m, l) = (3, 28)$ が条件を満たすものとして存在する。

よって，上から 6 行目に 0 は現れるので，選択肢①は**正しい**。

②　上から 9 行目に 1 があるための条件は，$9l - 56m = 1$ つまり $l = 6m + \dfrac{2m+1}{9}$ を満たす整数 m と 55 以下の自然数 l が存在することである。

実際に，$(m, l) = (4, 25)$ が条件を満たすものとして存在する。

よって，上から 9 行目に 1 は現れるので，選択肢②は**正しい**。

③　上から 10 行目に 1 があるための条件は，$10l - 56m = 1$ つまり $2(5l - 28m) = 1$ を満たす整数 m と 55 以下の自然数 l が存在することである。

等式の左辺は偶数であるのに対して，右辺は奇数であるから，条件を満たす整数はない。

よって，上から 10 行目に 1 は現れないので，選択肢③は**正しくない**。

④　上から 15 行目に 7 があるための条件は，$15l - 56m = 7$ つまり $15l = 7(8m + 1)$ を満たす整数 m と 55 以下の自然数 l が存在することである。

7 と 15 が互いに素であることに着目して，これを満たす整数 l は 7 の倍数であることが必要であることに注意して考えると，$(m, l) = (13, 49)$ が条件を満たすものとして存在することがわかる。

よって，上から 15 行目に 7 は現れるので，選択肢④は**正しい**。

⑤　上から 21 行目に 7 があるための条件は，$21l - 56m = 7$ つまり $3l = 8m + 1$ を満たす整数 m と 55 以下の自然数 l が存在することである。

実際に，$(m, l) = (1, 3)$ が条件を満たすものとして存在する。

よって，上から 21 行目に 7 は現れるので，選択肢⑤は**正しい**。

以上より，正しいものは①，②，④，⑤である。　→サ

　1次不定方程式がテーマである。本問の(5)などの問題の一般論については，**演習問題6－2**も参照してほしい。(5)はすべて選べと指示があるのですべてについて調べなければならず，手間がかかる。また，素数についての性質を用いる問いも含まれている。素数に関する性質として，次のフェルマーの小定理は有名であるので，内容のみ紹介しておく。

┌─**フェルマーの小定理**─────────────────────

　p を素数とするとき

①　自然数 n に対して，$n^p - n$ は p で割り切れる。

　　（合同式で書くと，$n^p \equiv n \pmod{p}$）

②　p の倍数でない自然数 a に対して，$a^{p-1} - 1$ は p で割り切れる。

　　（合同式で書くと，$a^{p-1} \equiv 1 \pmod{p}$）

演習問題6－2　　　◆ 問 題

オリジナル問題

1次不定方程式について，先生，花子さん，太郎さんの三人が話している。会話を読んで，下の問いに答えよ。

先生：定期試験対策のために1次不定方程式に関する問題をお互い出しあう約束
　　　をしていましたが，作ってきましたか。

花子：作ってきました。『$6x + 8y = 1$ を満たす整数の組 (x, y) を求めよ』という問題です。

太郎：あれ？　この式を満たす整数の組はないね。

花子：そうなの？　パッと見つからないだけで，もっと時間をかければ見つかるでしょ？　何しろ，整数は無限にあるからね。

太郎：いいえ。いくらたくさんあっても，絶対に整数解は見つからないよ。なぜなら，存在すると仮定すると，左辺は ア だけど，右辺は イ なので矛盾が生じるよ。

花子：背理法ね。なるほど，確かにそうね。

---

(1)　ア ，イ に当てはまるものを，次の ⓪ ～ ⑨ のうちから一つずつ選べ。

⓪　実数　　　①　整数　　　②　平方数　　　③　有理数　　　④　無理数
⑤　偶数　　　⑥　奇数　　　⑦　3の倍数　　　⑧　4の倍数　　　⑨　素数

太郎：同じ理由で，$6x + 8y = 5$ にも整数解は存在しないということがわかるね。

花子：今まで，出された問題を解くばかりで，自分で問題を作ったことがなかったし，1組も整数解がないという問題を解いたこともなかったので，どのような1次不定方程式にも整数解が存在すると思い込んでいました。どういう場合に整数解があって，どういう場合に整数解がないのか知りたいです。

先生：では，いっしょに考えていくことにしましょう。次の選択肢から，整数解をもつ方程式をすべて選んでみてください。

(2)　次の⓪～⑤のうちから整数解をもつ方程式を<u>三つ選べ</u>。　ウ

⓪　$6x + 4y = 0$　　　　①　$6x + 4y = 1$　　　　②　$6x + 4y = 2$

③　$6x + 4y = 3$　　　　④　$6x + 4y = 4$　　　　⑤　$6x + 4y = 5$

花子：1次不定方程式が整数解をもつ場合ともたない場合の様子はだんだんとわ
　　　かってきました。

先生：問題を整理しましょう。

┌─問題─

　自然数 a, b と整数 c に対して，$ax + by = c$ を満たす整数 x, y が存在するため
の a, b, c についての条件を求めよ。

太郎：$ax + by = c$ の整数解があるとし，それらを $x = p$, $y = q$（p, q は整数）と
　　　すると，$ap + bq = c$ が成り立つ。すると，この左辺は a と b の最大公約数
　　　の倍数になるね。

花子：このことから，　エ　ということがいえるわ。

先生：その通りです。つまり，いま示したことは，「a と b の最大公約数が c の
　　　約数であることは，$ax + by = c$ を満たす整数 x, y が存在するための
　　　　オ　」ということです。

(3)　　エ　に当てはまるものとして適当なものを，次の⓪～⑦のうちから<u>二つ選べ</u>。

⓪　a と b の最大公約数が c の約数であるならば，$ax + by = c$ を満たす整数 x, y
　　が存在する

①　a と b の最小公倍数が c の倍数であるならば，$ax + by = c$ を満たす整数 x, y
　　が存在する

②　$ax + by = c$ を満たす整数 x, y が存在するならば，a と b の最大公約数が c の
　　約数である

③　$ax + by = c$ を満たす整数 x, y が存在するならば，a と b の最小公倍数が c の
　　倍数である

④　a と b の最大公約数が c の約数でないならば，$ax + by = c$ を満たす整数 x, y
　　が存在しない

⑤　a と b の最小公倍数が c の倍数でないならば，$ax + by = c$ を満たす整数 x, y
　　が存在しない

⑥　$ax+by=c$ を満たす整数 x, y が存在しないならば，a と b の最大公約数が c の約数でない

⑦　$ax+by=c$ を満たす整数 x, y が存在しないならば，a と b の最小公倍数が c の倍数でない

(4)　オ　に当てはまるものとして適当なものを，次の⓪〜⑤のうちから一つ選べ。
⓪　必要条件ではあるが十分条件ではない
①　十分条件ではあるが必要条件ではない
②　必要条件である
③　十分条件である
④　必要十分条件である
⑤　必要条件でも十分条件でもない

太郎：その逆は成り立つのですか？
先生：一般に，次のことが成り立ちます。

> 　自然数 a, b と整数 c に対して，a と b の最大公約数が c の約数であることは，$ax+by=c$ を満たす整数 x, y が存在するための必要十分条件である。

太郎：つまり，逆も成り立つということですね。
先生：そういうことです。
花子：その証明も知りたいです。
先生：いくつか有名な証明方法がありますが，ここでは，そのうちの 1 つを紹介しましょう。簡単にするため，a と b の最大公約数を d で表すことにすると，A と B を互いに素な自然数とし，$a=dA$, $b=dB$ と表せます。
　さらに，d が c の約数になっているとき，C を整数として $c=dC$ と書けば，方程式 $ax+by=c$ は $Ax+By=C$ となります。確認しておきますが，これから示そうとしていることは

> 「d が c の約数であるならば，$Ax+By=C$ を満たす整数 x, y が存在する」

ということです。そこで
$$S=\{A,\ 2A,\ 3A,\ \cdots,\ BA\}$$
という B 個の整数からなる集合 S を考えます。
花子：確かに，B 個の要素からなる集合ですね。
先生：この B 個の整数をそれぞれ B で割ってごらん。

花子：A を B で割ると…ってそもそもわからないです。$2A$ や $3A$ も同様にわかりません。

太郎：A と B を具体的な数値でやってみよう。たとえば，$A=3$，$B=5$ とすると，集合 S は

$$S=\{3,\ 6,\ 9,\ 12,\ 15\}$$

の5つの要素からなる集合で，これらの要素である5つの数を5で割ったとき，余りとして現れる数を考えると… 　力　 ですね。

(5) 　力　 に当てはまるものを，次の⓪〜⑨のうちから一つ選べ。

⓪　0と2の2種類　　　　　　　　①　0と4の2種類

②　0と2と3の3種類　　　　　　③　0と2と4の3種類

④　0と1と3の3種類　　　　　　⑤　1と3と4の3種類

⑥　0と1と2と4の4種類　　　　⑦　1と2と3と4の4種類

⑧　0と1と3と4の4種類　　　　⑨　0と1と2と3と4の5種類

先生：一般的に証明できるので，早速やってみましょう。つまり

$$S=\{A,\ 2A,\ 3A,\ \cdots,\ BA\}$$

という B 個の整数からなる集合 S の要素をそれぞれ B で割った余りは相異なることを示してみましょう。ここでも，背理法を使います。花子さん，やってみてください。

花子：結論を否定して，集合 S の B 個の要素をそれぞれ B で割った余りのうち，等しいものがあると仮定してみます。そうですね…たとえば，iA と jA の B で割った余りが等しいとしてみます。i, j は B 以下の自然数という設定です。

太郎：さらに議論がしやすいように，i, j は $1 \leqq i < j \leqq B$ を満たす自然数としておいてもよいですね。

花子：iA と jA は B で割ったときの余りが等しいから，その差 $jA-iA$ $=(j-i)A$ は B で割り切れます。

太郎：そうか！　さらに，A と B が互いに素であることから，　キ　ことがわかるよ。

花子：$i<j$ という設定だったから，$j-i$ は自然数で，最大でも差は 　ク　 なので，$j-i$ は 　ク　 以下の自然数だよ。

太郎：あれれ…おかしくないかい。　ク　 以下の自然数に 　ケ　 の倍数はないよね。

(6)　┃ キ ┃に当てはまるものを，次の⓪～③のうちから一つ選べ。

⓪　$j-i$ が A で割り切れる　　　　①　$j-i$ が B で割り切れる

②　A が B で割り切れる　　　　　③　B が A で割り切れる

(7)　┃ ク ┃，┃ ケ ┃に当てはまるものを，次の⓪～⑧のうちから一つずつ選べ。

⓪　A　　　①　B　　　②　AB　　　③　$A+1$　　　④　$B+1$

⑤　$AB+1$　　⑥　$A-1$　　⑦　$B-1$　　⑧　$AB-1$

先生：そうです。それこそが待ち望んでいた矛盾です！

太郎：ということは，$S=\{A,\ 2A,\ 3A,\ \cdots,\ BA\}$ の B 個の要素をそれぞれ B で割った余りはすべて異なるということがいえたわけですね。

花子：つまり，B で割った余りは，0，1，$\cdots$，$B-1$ の B 種類しかないので，S の要素と余りが 1 対 1 に対応することがわかります。

太郎：ということは，S の要素のうち，B で割った余りが 1 となるものも当然あるわけですね。それを，たとえば kA とおき，kA を B で割った商を Q としたとき，$x=$┃ コ ┃，$y=$┃ サ ┃とすれば，┃ コ ┃，┃ サ ┃は整数で，$Ax+By=1$ を満たします。

花子：すると，$x=$┃ シ ┃，$y=$┃ ス ┃とすれば，┃ シ ┃，┃ ス ┃は整数で，$Ax+By=C$ を満たします。

よって，$Ax+By=C$ を満たす整数 x，y が存在するということが示せました。

先生：これで証明が完了しました。ヒントは少し出しましたが，ほとんど君たちで証明したようなものです。

---

(8)　┃ コ ┃，┃ サ ┃に当てはまるものを，次の⓪～⑨のうちから一つずつ選べ。

⓪　A　　　①　B　　　②　k　　　③　Q　　　④　$k+1$

⑤　$Q+1$　　⑥　$-k$　　⑦　$-Q$　　⑧　kQ　　⑨　$-kQ$

(9)　┃ シ ┃，┃ ス ┃に当てはまるものを，次の⓪～⑨のうちから一つずつ選べ。

⓪　A　　　①　B　　　②　C　　　③　k　　　④　Q

⑤　kC　　⑥　$-kC$　　⑦　QC　　⑧　$-QC$　　⑨　kQC

演習問題 6 ― 2　　　　　　◆　解答解説

解答記号	ア	イ	ウ	エ	オ	カ	キ	ク	ケ	コ	サ	シ	ス
正　解	⑤	⑥	⓪，②，④ （3つマークして正解）	②，④ （2つマークして正解）	②	⑨	①	⑦	①	②	⑦	⑤	⑧
チェック													

《1次不定方程式の一般論》　　会話設定　考察・証明

(1)　$6x+8y=1$ を満たす整数 x, y が存在したとすると，（左辺）＝$2(3x+4y)$ は $2×$（整数）で**偶数**であるが，（右辺）＝1 は**奇数**であるから，矛盾が生じる。
　　ア，**イ**に当てはまるものは，それぞれ⑤，⑥である。　→**アイ**

(2)　選択肢の①$6x+4y=1$，③$6x+4y=3$，⑤$6x+4y=5$ については，
いずれも（左辺）＝$2×(3x+2y)$ と変形され，（右辺）の 1，3，5 はそれぞれ奇数なので，(1)と同様に，整数解 x, y が存在したとすると，矛盾が生じる。つまり，整数解は存在しない。
　　一方，⓪$6x+4y=0$ を満たす整数 x, y の組としては，
$(x, y)=(0, 0)$ や $(x, y)=(2, -3)$ などがある。
②$6x+4y=2$ を満たす整数 x, y の組としては，
$(x, y)=(1, -1)$ や $(x, y)=(3, -4)$ などがある。
④$6x+4y=4$ を満たす整数 x, y の組としては，
$(x, y)=(0, 1)$ や $(x, y)=(2, -2)$ などがある。
　　よって，整数解をもつ方程式は，⓪，②，④である。　→**ウ**

(注)　$6x+4y=2$ つまり $3x+2y=1$ を満たすような整数 x, y を一組求めることができれば
　　　　$6x+4y=2$ を満たす整数 x, y の一組 $(x, y)=(1, -1)$　をもとに，
　　　　$6x+4y=4$ を満たす整数 x, y の一組 $(x, y)=(1×2, -1×2)$
　　　　$6x+4y=6$ を満たす整数 x, y の一組 $(x, y)=(1×3, -1×3)$
　　　　　　　　⋮
　　　　$6x+4y=2k$ を満たす整数 x, y の一組 $(x, y)=(1×k, -1×k)$　（k：整数）
を求めることができる。

(3)　a と b の最大公約数を d で表すことにすると，$a=dA$, $b=dB$（A, B は互いに素な自然数）と表せて，p, q を整数として，$x=p$, $y=q$ が 1 次不定方程式

$ax + by = c$ の整数解であるとするとき

$$d(Ap + Bq) = c$$

が成り立つ。d, $Ap + Bq$ は整数であるから，これらは c の約数であるといえる。これより，d つまり a と b の最大公約数は c の約数といえる。

ここで，示した内容は

「1 次不定方程式 $ax + by = c$ に整数解が存在する

$\Longrightarrow a$ と b の最大公約数は c の約数である」

ということである。

「a と b の最大公約数は c の約数である」は，「c は a と b の最大公約数の倍数である」といっても同じことである。

命題とその対偶の真偽が一致することから

「a と b の最大公約数は c の約数でない

$\Longrightarrow$ 1 次不定方程式 $ax + by = c$ に整数解が存在しない」

ことも示せたことになる。

一方，「a と b の最大公約数が c の約数である」ときに，いつも「1 次不定方程式 $ax + by = c$ は整数解をもつ」かどうかは明らかではなく，この段階では議論していない。実際には正しいのであるが，ここでの議論ではないことに注意する。

つまり，⓪，⑥ は数学的には正しい主張ではあるが，エ に当てはまる適切なものとしては選べない。

花子さんの「"このこと" からいえること」を選択することがポイントである。太郎さんの発言からいえることは②である。このことより，②の対偶である④ も同時に正しいことがわかる。　→エ

(4)　(3)と同様，「数学的に正しい内容」と，「いまの議論でいえること」を捉え間違えないようにしよう。本問も「いま示したこと」についてのことである。この段階でいえることは

「1 次不定方程式 $ax + by = c$ に整数解が存在する

$\Longrightarrow a$ と b の最大公約数は c の約数である」

が真であるということであり，この逆が正しいのか正しくないのかについては議論していない。

つまり，「a と b の最大公約数が c の約数である」ことは，「$ax + by = c$ を満たす整数 x, y が存在する」ための必要条件であることはいえたが，十分条件であるかは現時点では議論していないのでわからない。したがって，オ に当てはまるものとして適当なものは，② 「必要条件である」である。　→オ

(5)　「d が c の約数であるならば，$Ax + By = C$ を満たす整数 x, y が存在する」

ことの証明で，集合 $S = \{\underbrace{A, \ 2A, \ 3A, \ \cdots, \ BA}_{B個の要素}\}$ の具体例として，$A = 3$, $B = 5$ と

したときの

$$S = \{3, \ 2 \cdot 3, \ 3 \cdot 3, \ 4 \cdot 3, \ 5 \cdot 3\} = \{3, \ 6, \ 9, \ 12, \ 15\}$$

について考える。これら5つの要素をそれぞれ 5（$= B$）で割ると

$$\left\{\begin{array}{l} 3 を 5 で割ると余りは 3 \\ 6 を 5 で割ると余りは 1 \\ 9 を 5 で割ると余りは 4 \\ 12 を 5 で割ると余りは 2 \\ 15 を 5 で割ると余りは 0 \end{array}\right.$$

となる。よって，余りとして現れる数を考えると，**0, 1, 2, 3, 4 の5種類**である

から，**カ**に当てはまるものは，⑨である。　→**カ**

(6)　ここで，再び一般的な集合 $S = \{\underbrace{A, \ 2A, \ 3A, \ \cdots, \ BA}_{B個の要素}\}$ の議論に戻る。

太郎さんの例では，5つの要素 3，6，9，12，15 を 5 で割った余りはすべて異

なった。この「余りがすべて異なる」という現象は $A = 3$, $B = 5$ のとき特有のも

のではなく，一般的にも成り立つことである。

そのことを背理法を用いて示す。集合 S の B 個の要素 A, $2A$, $3A$, $\cdots$, BA のう

ち，B で割ったときの余りとして等しいものがあると仮定する。その 2 つを iA,

jA とした。ただし，i, j は $1 \leq i < j \leq B$ を満たす自然数である。すると，その 2 数

の差 $jA - iA = (j - i)A$ は B で割り切れる。

よって，$(j - i)A$ は B の倍数であるが，A と B は互いに素であるから，$j - i$ が B

の倍数であるといえる。

したがって，**キ**に当てはまるものは，①「$j - i$ が B で割り切れる」である。　→**キ**

(7)　$1 \leq i < j \leq B$ より，$0 < j - i \leq B - 1$ であり，i, j が自然数であることから，$j - i$ は

$B - 1$ 以下の自然数である。ところが，$B - 1$ 以下の自然数で B の倍数であるもの

は存在しない。これは，$j - i$ が B の倍数であることに矛盾する。

よって，**ク**，**ケ**に当てはまるものは，それぞれ⑦，①である。　→**クケ**

(8)　背理法より，集合 S の B 個の要素を B で割った余りはすべて異なる。すべて異

なる B 個の余りは，0，1，2，$\cdots$，$B - 1$ の B 個のことであるから，A, $2A$,

$3A$, $\cdots$, BA の中に B で割ったときの余りが 1 であるものが必ず 1 つだけ存在す

る。それを kA（k は B 以下の自然数）とおいて，B で割ったときの商を Q とする

と

$$kA = BQ + 1 \quad \text{すなわち} \quad A \cdot k + B \cdot (-Q) = 1$$

が成り立つ。k, Q は整数であるから，$(-Q)$ も整数であり，$x = k$, $y = -Q$ が 1 次不定方程式 $Ax + By = 1$ の整数解であることがわかる。

よって，コ，サに当てはまるものは，それぞれ②，⑦である。　→コサ

(9)　$A \cdot k + B \cdot (-Q) = 1$ の両辺を C 倍し

$$A \cdot kC + B \cdot (-QC) = C$$

を得る。kC, $(-QC)$ は整数であるから，$Ax + By = C$ を満たす整数 x, y として

$$x = kC, \quad y = -QC$$

が存在する。シ，スに当てはまるものは，それぞれ⑤，⑧である。　→シス

解説

　本問は 1 次不定方程式の整数解が存在するための必要十分条件についての問題である。まずは，両辺の偶奇性に注目して解が存在しない場合について気づくことから考察が始まる。

　(2)については，$6x + 4y = 2$ つまり $3x + 2y = 1$ の整数解として，$x = 1$, $y = -1$ が存在することがわかれば，これを基準に整数倍することで他の不定方程式の整数解を求めていくことができる仕組みを理解すること。この考え方は(9)でも用いられている。

　(3)は「このことからいえること」を選択する問題であり，実際に正しいものを選ぶ問題ではないことに注意すること。いま行われている議論の主旨が正しく理解できるかを問う出題である。

　(5)〜(9)では典型的な証明方法の意味をわかりやすいように具体例を交えて誘導し，証明している。このように抽象的な議論が続く場合には，自分で具体例を考えてみて現象を把握する態度は重要である。このような姿勢も本問を通して身につけてもらいたい。

演習問題 6 − 3　　　◆　　問　題

オリジナル問題

　ある日，花子さんと太郎さんのクラスでは，数学の授業で先生からヘロンの公式と
よばれる三角形の 3 辺の長さと面積についての関係式を教わった。

┌ ヘロンの公式 ┐

　三角形 ABC において，BC $=a$，CA $=b$，AB $=c$，$t=\dfrac{a+b+c}{2}$ とすると，三

角形 ABC の面積 S について

$$S=\sqrt{t(t-a)(t-b)(t-c)}$$

が成り立つ。

太郎：たとえば，3 辺の長さが 13，14，15 であるような三角形の面積 S をこの
　　　ヘロンの公式を用いて計算してみよう。

花子：このとき t は，$t=\dfrac{13+14+15}{2}=21$ だよ。

太郎：いま計算した t の値を使って，ヘロンの公式に代入すると

$$S=\boxed{\text{アイ}}$$

　　　となるね。先生の説明では，三角形 ABC が成立するとき，このルートの
　　　中に現れる $t-a$，$t-b$，$t-c$ はいつも正の値になるから，ルートの中の値
　　　が正になるそうだよ。

花子：ところで，問題集にこんな問題が載っていたんだ。

┌ 問題 ┐

　三角形 ABC において，3 辺の長さ BC $=a$，CA $=b$，AB $=c$ がすべて偶数で，
周の長さ l と面積 S が等しい値であるという。このような三角形 ABC の 3 辺の
長さを調べよ。

太郎：問題に三角形の面積と 3 辺の長さに関する条件があるから，ヘロンの公式が利用できそうだね。

花子：じゃあ，ヘロンの公式を使って考えていこうよ。

太郎：$t = \dfrac{a+b+c}{2}$ とおくと，a, b, c が偶数より，分子は偶数だから，t は自然数となるね。それにしても，さっきは数値だったからルートの中の計算は苦ではなかったけど，今回は文字式だからルートの中が複雑すぎるな。

花子：じゃあ，$t-a=x$, $t-b=y$, $t-c=z$ とおいてみよう。x, y, z も自然数であり，a, b, c が偶数であることから

$$x, \ y, \ z \ \text{は} \ \boxed{\ ウ\ }$$

ことまではわかるね。

太郎：t は x, y, z を用いて

$$t = \boxed{\ エ\ }$$

と表せるよ。

⑴　$\boxed{\text{アイ}}$ に当てはまる数を答えよ。また，$\boxed{\ ウ\ }$ に当てはまるものを，次の ⓪ ～ ⑥ のうちから一つ選べ。

$\boxed{\ ウ\ }$ の解答群：

⓪　すべて偶数である　　　　　　　① すべて奇数である

②　1 つだけ偶数である　　　　　　③ 1 つだけ奇数である

④　少なくとも 1 つが偶数である　　⑤ 少なくとも 1 つが奇数である

⑥　偶奇が一致する

⑵　$\boxed{\ エ\ }$ に当てはまるものを，次の ⓪ ～ ⑧ のうちから一つ選べ。

⓪　$x+y+z$ 　　　　　　① $2(x+y+z)$ 　　　　　② $3(x+y+z)$

③　$\dfrac{1}{2}(x+y+z)$ 　　　④ $\dfrac{1}{3}(x+y+z)$ 　　　⑤ $xy+yz+zx$

⑥　$x^2+y^2+z^2$ 　　　　⑦ $x^3+y^3+z^3$ 　　　　⑧ $\dfrac{1}{x}+\dfrac{1}{y}+\dfrac{1}{z}$

花子：したがって，ヘロンの公式から，条件 $l=S$ を x, y, z だけで表して整理すると
$$4(x+y+z)=xyz \quad \cdots\cdots(*)$$
となるわ。

太郎：確かに，問題が整理されてきたね。この $(*)$ を満たす自然数 x, y, z をまずは調べてみることにしよう。$(*)$ の内容は

「3つの自然数に対して，その3数の和の4倍とその3数の積とが等しくなるような3つの自然数を求める」

ということだね。

花子：3つの自然数を大きくない順に x, y, z と設定して考えていこう。

太郎：つまり，$x \leqq y \leqq z$ と設定して考えていくということだね。
$(*)$ と $x \leqq y \leqq z$ から
$$xyz = 4(x+y+z) \leqq \boxed{オカ}\,z$$
となり
$$xy \leqq \boxed{オカ}$$
がわかるよ。これと，$x \leqq y$ から，x は 1，2，3 に限定されるね。

花子：確かに，x が4以上なら，y も4以上で，xy が16以上となるので
$$xy \leqq \boxed{オカ}$$
は成り立たないわね。

太郎：x の値の可能性が3つしかないなら，地道に調べていけばいいね。
まず，$x=1$ のとき，x が奇数であることから，y は $\boxed{キ}$，z は $\boxed{ク}$ となる。
すると，$(*)$ の左辺は $\boxed{ケ}$ であり，$(*)$ の右辺は $\boxed{コ}$ であるので，$(*)$ は成り立たないね。

(3)　$\boxed{オカ}$ に当てはまる数を答えよ。また，$\boxed{キ}$，$\boxed{ク}$，$\boxed{ケ}$，$\boxed{コ}$ に当てはまるものを，次の⓪，①のうちから一つずつ選べ。ただし，同じものを選んでもよい。

⓪　偶数　　　　　　　　　　①　奇数

花子：次に，$x=2$ のとき，（＊）は
$$4(2+y+z)=2yz$$
となり，変形すると
$$(y-\boxed{\text{サ}})(z-\boxed{\text{シ}})=\boxed{\text{ス}}$$
となる。$y-\boxed{\text{サ}}$ と $z-\boxed{\text{シ}}$ はともに $\boxed{\text{セ}}$ であることをふまえると
$$(y,\ z)=(\boxed{\text{ソ}},\ \boxed{\text{タ}})$$
であり，このとき，$x\leqq y\leqq z$ を満たしているね。

太郎：このとき，$t=\boxed{\text{エ}}=\boxed{\text{チツ}}$ であり
$$a=t-x=\boxed{\text{テト}}$$
$$b=t-y=\boxed{\text{ナ}}$$
$$c=t-z=\boxed{\text{ニ}}$$
と求まったね。

花子：最後に，$x=3$ のとき，x が奇数であることから，$x=1$ のときと同様に（＊）は成り立たないわ。

太郎：結局，条件を満たすのは，3 辺の長さが $\boxed{\text{テト}}$，$\boxed{\text{ナ}}$，$\boxed{\text{ニ}}$ であるような三角形だけであることがわかったよ。

花子：ちなみに，この三角形は $\boxed{\text{ヌ}}$ 三角形だわ。

(4) $\boxed{\text{サ}}$〜$\boxed{\text{ス}}$，$\boxed{\text{ソ}}$〜$\boxed{\text{ニ}}$ に当てはまる数を答えよ。また，$\boxed{\text{セ}}$ に当てはまるものを，次の ⓪〜① のうちから一つ選べ。

$\boxed{\text{セ}}$ の解答群：

⓪ 偶数   ① 奇数

(5) $\boxed{\text{ヌ}}$ に当てはまるものを，次の ⓪〜⑤ のうちから一つ選べ。

⓪ 鋭角   ① 直角   ② 鈍角

③ 二等辺   ④ 直角二等辺   ⑤ 正

演習問題6−3　　　◆　解答解説

解答記号	アイ	ウ	エ	オカ	キ	ク	ケ	コ	$(y-サ)(z-シ)=ス$
正　解	84	⑥	⓪	12	①	①	⓪	①	$(y-2)(z-2)=8$
チェック									

解答記号	セ	(ソ, タ)	チツ	テト	ナ	ニ	ヌ
正　解	⓪	(4, 6)	12	10	8	6	①
チェック							

《ヘロンの公式に関する整数問題》　　　会話設定　　考察・証明

(1)　はじめは，ヘロンの公式を使ってみようという問題である。3辺の長さが13，

14，15である三角形の，周の長さの$\frac{1}{2}$倍であるtは，$t=\dfrac{13+14+15}{2}=21$である

から，面積Sは

$$S=\sqrt{21\cdot(21-13)\cdot(21-14)\cdot(21-15)}=\sqrt{21\cdot8\cdot7\cdot6}=\sqrt{21\cdot8\cdot7\cdot(3\cdot2)}$$
$$=\sqrt{21^2\cdot4^2}=21\cdot4=84　\rightarrow \text{アイ}$$

と求まる。

(注)　「数学Ⅰ」の図形と計量（三角比）の知識を用いれば，ヘロンの公式はすぐ
に示せる。

　このような計算では，ルートの中を値として計算してしまわないで，なるべく
"2乗因子"を作るような変形をしよう。最終的にはルートの中をできるだけ
"小さな数"にしないといけないので，ルートの中の値を求めてしまっても再び
分解しなければならなくなり，二度手間である。

tは自然数である。ただし，偶数か奇数かわからない。しかし，a，b，cは偶数で
あるから，$x=t-a$，$y=t-b$，$z=t-c$の⑥偶奇が一致することはわかる。具体的
には，tが偶数の場合，x，y，zはすべて偶数であり，tが奇数の場合，x，y，zは
すべて奇数である。　→ウ

(2)　$\begin{cases} t-a=x \\ t-b=y \\ t-c=z \end{cases}$

　の辺々を加えると

$$3t-(a+b+c)=x+y+z$$

を得る。$t = \dfrac{a+b+c}{2}$ より，$a+b+c = 2t$ であるから

$$3t - 2t = x + y + z \quad \text{つまり} \quad t = \boldsymbol{x + y + z}$$

である。エに当てはまるものは⓪である。　→エ

よって，条件 $l = S$ は

$$a + b + c = \sqrt{t(t-a)(t-b)(t-c)}$$

つまり　　$2t = \sqrt{txyz}$

と表せる。両辺を 2 乗して　　$4t^2 = txyz$

よって　　$4t = xyz$　つまり　$4(x+y+z) = xyz$　……（＊）

となる。

(3)　　　　$xyz = 4(x+y+z) \leqq 4(z+z+z) = \textcolor{red}{12}z$　→オカ

となり，$xyz \leqq 12z$ の両辺を z で割って

$$xy \leqq 12$$

x, y, z の偶奇が一致することから，$x = 1$（奇数）のとき，y, z はともに**奇数**である。

すると，（＊）の左辺 $4(x+y+z)$ は**偶数**であるのに対し，右辺 xyz は 3 つの奇数の積なので**奇数**であるから，（＊）は成り立たない。キ，ク，ケ，コに当てはまるものは，それぞれ①，①，⓪，①である。　→キクケコ

> **参考**　整数問題においては，無限に存在する整数を絞り込む際，大小関係に着目して，いくつかの未知数のうちの一番小さなものの上限をおさえることをよく行う。たとえば，「$\dfrac{1}{p} + \dfrac{1}{q} + \dfrac{1}{r} = 1$ を満たす自然数 p, q, r を求めよ」などの問題が代表的である。
>
> 本問でも，（＊）を x, y, z についての不定方程式と考え，未知数 x, y, z のうちの一番小さなものの上限をおさえることを誘導している。$x \leqq y \leqq z$ と設定しているが，$t = a+x = b+y = c+z$ より，これは，元の三角形 ABC において，$a \geqq b \geqq c$ と設定したことと同じである。

(4)　$x = 2$ のとき，（＊）は

$$4(2+y+z) = 2yz \quad \text{つまり} \quad yz - 2y - 2z = 4$$

となり，これを変形すると

$$(y - \textcolor{red}{2})(z - \textcolor{red}{2}) = 8 \quad →サシス$$

となる。

$x = 2$（偶数）のときであるから，y, z も偶数であり，このとき，$y-2$, $z-2$ はと

もに 0 以上の ⓪偶数である。　→セ

よって，$y \leqq z$ より

$$(y-2,\ z-2) = (2,\ 4)$$

つまり

$$(y,\ z) = (4,\ 6)　→ソタ$$

のみであり，これは，$x \leqq y \leqq z$ を満たしている。

このとき

$$t = x + y + z = 2 + 4 + 6 = 12　→チツ$$

であり

$$a = t - x = 12 - 2 = 10　→テト$$
$$b = t - y = 12 - 4 = 8　→ナ$$
$$c = t - z = 12 - 6 = 6　→ニ$$

x が 1 のときと 3 のときには，条件を満たさないことは，x が奇数であることから導かれるので，同時に議論することができる。

(5)　3 辺の長さが 10，8，6 である三角形は

$$10^2 = 6^2 + 8^2$$

が成り立つことから，長さ 10 の辺を斜辺とする**直角**三角形である。

よって，ヌに当てはまるものは ①のみである。　→ヌ

参考　これは，3 辺の長さが 3，4，5 である直角三角形と相似である。このように，自然数 a，b，c が

$$a^2 + b^2 = c^2$$

を満たすとき，これら 3 数を「ピタゴラス数」という。「ピタゴラス数」に関する整数問題も頻出であるから，平方数の性質とともにしっかり勉強しておこう。

解説

本問は，三角形の 3 辺の長さで面積を表したヘロンの公式を適用することで，周の長さと面積が等しい値であり，3 辺の長さがすべて偶数である三角形を決定する問題である。会話文が誘導になっているので，議論の流れに沿って考えて解答していくことができる。設定は図形の問題にみえるが，ヘロンの公式で立式した後は，実質的に整数問題である。本問を通して，「倍数・約数関係に着目する」「余りに着目する」「大小関係に着目する」などの典型的な手法を確認してもらいたい。

なお，本問の設定で，3 辺の長さがすべて（偶数に限らず，一般の）整数とすると，「周の長さと面積が等しい値である」という条件を満たす三角形は，3 辺の長さが

$$(6,\ 8,\ 10),\ (5,\ 12,\ 13),\ (9,\ 10,\ 17),\ (7,\ 15,\ 20),\ (6,\ 25,\ 29)$$

である 5 つの三角形に限られる。

第7章

図形の性質

第7章　図形の性質　　　傾向分析

　「数学A」の「場合の数と確率」「整数の性質」「図形の性質」の3つの単元うち，2つの単元を選択して解答するのは，センター試験と変更ありません。いずれの単元も大問1題が出題されて，配点が各20点となっているのもセンター試験と同じです。

　「図形の性質」は，センター試験では，例年第5問に配置されており，第1回プレテストでは「整数の性質」と入れ替えて第4問となりましたが，第2回プレテストでは第5問に戻され，2021年度本試験でも第5問でした。

　センター試験では，近年は「方べきの定理」と「メネラウスの定理」を中心とした平面図形の出題が中心でしたが，第1回プレテストでは空間図形が出題されました。2021年度本試験ではいずれも平面図形が出題されました。

　モニター調査と2回のプレテストでは**すべて会話文の設定**になっており，いずれも**証明の一部を補完させる問題**が出題されていました。第2回プレテストは，シュタイナー点とフェルマー点という高度な数学的な背景をもつものでした。

　2021年度本試験第1日程では，直角三角形と3つの円が絡む問題，第2日程では，作図の手順やその構想が正しいことを確認する問題で，いずれも図を正確に描くのが難しいものでした。

　全体的に難易度が高めの場合が多いので，この分野を選択する場合は，十分な対策が必要です。

● 出題項目の比較（図形の性質）

試　験	大　問	出題項目	配　点
2021 本試験 （第1日程）	第5問 （実戦問題）	角の二等分線と辺の比，方べきの定理	20 点
2021 本試験 （第2日程）	第5問	作図の手順（考察）	20 点
第2回プレテスト	第5問	平面図形（会話，考察，背景）	20 点
第1回プレテスト	第4問 （演習問題7−2）	空間図形（会話，ICT 活用，考察，論理との融合）	—
モニター調査 （7月公表分）	モデル問題例4 （演習問題7−1）	平面図形（会話，ICT 活用，考察）	—

2020 本試験	第5問	チェバの定理，メネラウスの定理，方べきの定理	20点
2019 本試験	第5問	内接円，チェバの定理	20点
2018 本試験	第5問	方べきの定理，メネラウスの定理	20点

 ## 学習指導要領における内容と目標（図形の性質）

　平面図形や空間図形の性質についての理解を深め，それらを事象の考察に活用できるようにする。

ア．平面図形

　（ア）三角形の性質

　　三角形に関する基本的な性質について，それらが成り立つことを証明すること。

　（イ）円の性質

　　円に関する基本的な性質について，それらが成り立つことを証明すること。

　（ウ）作　図

　　基本的な図形の性質などをいろいろな図形の作図に活用すること。

イ．空間図形

　　空間における直線や平面の位置関係やなす角についての理解を深めること。また，多面体などに関する基本的な性質について理解し，それらを事象の考察に活用すること。

演習問題7－1　◆◆◆　問　題

モニター調査（7月公表分）　マーク式モデル問題例4

太郎さんと花子さんは，コンピュータを使って図形の性質を調べるために，下の図のような1点Pで交わる三つの円 O_1，O_2，O_3 をかいた。

また，O_1 と O_2 の交点のうちPと異なる点をQ，O_2 と O_3 の交点のうちPと異なる点をR，O_3 と O_1 の交点のうちPと異なる点をSとした。

さらに，点Aを，下の図のように円 O_1 の周上にとり，直線AQと円 O_2 との交点のうちQと異なる点をB，直線BRと円 O_3 との交点のうちRと異なる点をCとした。

太郎さんと花子さんがこのコンピュータの画面上の図を見ながら会話をしている。

次の二人の会話を読んで，以下の各問いに答えよ。

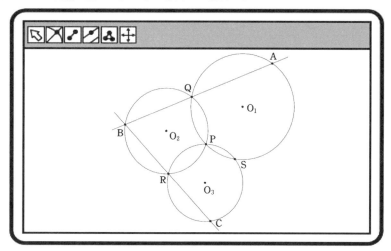

太郎：点CとSを通る直線は，点Aを通るみたいだよ。

花子：つまり，直線CSと円 O_1 の交点のうちSと異なる点をDとおくと，点D
　　　が点　ア　と一致するということだね。

太郎：①∠SAQ と ∠SDQ が等しいことを証明すればよさそうだ。

花子：でも，　イ　から，点Dと点　ア　が一致しなくても，
　　　∠SAQ＝∠SDQ となることがあるわ。

太郎：じゃあ，どうすればいいんだろう。

花子：②∠ASC が180°であることを証明すればよさそうだわ。

(1)　$\boxed{\text{ア}}$ に適する点を次の⓪〜⑨のうちから一つ選べ。

　　⓪　O_1　　　①　O_2　　　②　O_3　　　③　A　　　④　B　　　⑤　C

　　⑥　P　　　⑦　Q　　　⑧　R　　　⑨　S

(2)　$\boxed{\text{イ}}$ に当てはまる図形の性質として，最も適当なものを，次の⓪〜④のうちから一つ選べ。

　　⓪　三角形の三つの内角の二等分線は 1 点で交わる

　　①　三角形の三つの辺の垂直二等分線は 1 点で交わる

　　②　二組の角がそれぞれ等しい二つの三角形は相似である

　　③　一つの弦の垂直二等分線は円の中心を通る

　　④　一つの弧に対する円周角の大きさは一定である

(3)　下線部②のように ∠ASC が 180° であることが証明できれば，点 C と S を通る直線が点 A を通ることを証明することができる。次の【証明】の $\boxed{\text{ウ}}$ 〜 $\boxed{\text{キ}}$ に当てはまるものを，以下の各解答群から一つずつ選べ。

【証明】

四角形 AQPS は円 O_1 に内接するから，∠ASP = ∠ $\boxed{\text{ウ}}$

$\boxed{\text{エ}}$ から，∠ $\boxed{\text{オ}}$ = ∠ $\boxed{\text{カ}}$

$\boxed{\text{キ}}$ から，∠ $\boxed{\text{ウ}}$ + ∠ $\boxed{\text{カ}}$ = 180°

よって，∠ASC は 180° なので，3 点 C，S，A は一直線上にある。

したがって，点 C と S を通る直線は点 A を通る。

$\boxed{\text{ウ}}$, $\boxed{\text{オ}}$, $\boxed{\text{カ}}$ の解答群

　　⓪　BPR　　　①　BRP　　　②　BQP　　　③　BPQ

　　④　CPS　　　⑤　CSP

$\boxed{\text{エ}}$, $\boxed{\text{キ}}$ の解答群

　　⓪　三角形 QBR は円 O_2 に内接する

　　①　三角形 RCS は円 O_3 に内接する

　　②　四角形 BRPQ は円 O_2 に内接する

　　③　四角形 CSPR は円 O_3 に内接する

7
−
1

(4) 太郎さんたちは，点Aの位置をいろいろと変えて，点CとSを通る直線が点A
を通るかどうかを調べたところ，下の図のように，点Aが円O_2の内部にある場
合でも成り立つことがわかった。この場合の証明は，(3)の【証明】と比較してどの
ようにすればよいか。以下の⓪～③のうちから一つ選べ。　　ク

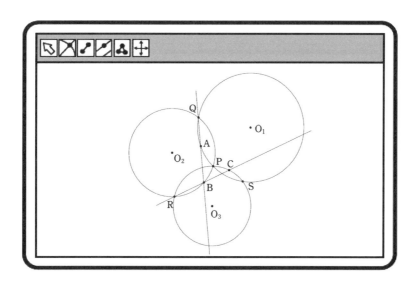

┌─【証明】────────────────────────────────
│ (a)四角形AQPSは円O_1に内接するから，∠ASP =(b)∠　ウ
│ (c)　エ　から，(d)∠　オ　=∠　カ
│ (e)　キ　から，(f)∠　ウ　+∠　カ　= 180°
│ よって，(g)∠ASCは180°なので，3点C, S, Aは一直線上にある。
│ したがって，点CとSを通る直線は点Aを通る。
└──

⓪　このままでよい。
①　(a), (c), (e)のみ修正する必要がある。
②　(a), (b), (d), (f), (g)のみ修正する必要がある。
③　(a), (c), (e), (f), (g)のみ修正する必要がある。

演習問題 7 － 1 ◆ 解答解説

解答記号	ア	イ	ウ	エ	オ	カ	キ	ク
正　解	③	④	②	③	⑤	①	②	③
チェック								

《1点で交わる3つの円に関わる3点が一直線上にあることの証明》

会話設定　**ICT活用**　考察・証明

(1)　「点 C と S を通る直線は，点 A を通る」ことを言い換えようとしている花子さんの発言において，言い換えると，「直線 CS と円 O_1 の交点のうち S と異なる点を D とおくと，点 D が点 A（③）と一致するということ」となる。　→ア

(2)　∠SAQ ＝∠SDQ であったとしても，点 A と点 D が一致するとは限らない。なぜなら

　　　④　一つの弧に対する円周角の大きさは一定である　→イ

から，点 D と点 A が一致していなくても，∠SAQ ＝∠SDQ となることがあるからである。

(3)　3 点 C，S，A が同一直線上にあることを証明するには，∠ASC ＝180° となることを証明すればよい。

【証明】　四角形 AQPS は円 O_1 に内接するので，対角の和が 180° であるから

　　　　∠ASP ＋∠AQP ＝180°　……①

である。また，3 点 A，Q，B は一直線上にあるので

　　　　∠BQP ＋∠AQP ＝180°　……②

である。①，②より

　　　　∠ASP ＝∠BQP　……③

である。ウに当てはまるものは②である。　→ウ

（注）　この円に内接する四角形の性質を，「外角とその内対角は等しい」ということがある。

同様に

　　　　四角形 CSPR は円 O_3 に内接するから，∠CSP ＝∠BRP　……④

である。エは③，オは⑤，カは①である。　→エオカ

また

　　　　四角形 BRPQ は円 O_2 に内接するから，∠BQP ＋∠BRP ＝180°　……⑤

である。**キは②である。** →キ

(iii)～(v)より

$$\angle ASP + \angle CSP = 180°$$

である。これより，∠ASC = 180°であるから，3点C，S，Aは一直線上にある。したがって，点CとSを通る直線は点Aを通る。　　　　　　（証明終）

(4)　(a)～(g)のそれぞれの記述について考察する。

(a)　点の順番を考えると，「四角形 AQPS」ではなく「四角形 APSQ」が円 O_1 に内接する。

よって，(a)は**修正する必要がある。**

(b)　弧 AP に対する円周角は等しいので，∠ASP = ∠BQP（= ∠AQP）は正しく，**修正する必要はない。**

(c)　点の順番を考えると，「四角形 CSPR」ではなく「四角形 SCPR」が円 O_3 に内接する。

よって，(c)は**修正する必要がある。**

(d)　弧 CP に対する円周角は等しいので，∠CSP = ∠BRP（= ∠CRP）は正しく，**修正する必要はない。**

(e)　点の順番を考えると，「四角形 BRPQ」ではなく「四角形 BRQP」が円 O_2 に内接する。

よって，(e)は**修正する必要がある。**

(f)　弧 BP に対する円周角は等しいから，∠BQP = ∠BRP である。

よって，∠BQP + ∠BRP = 180°とはならず，(f)は**修正する必要がある。**

(g)　∠ASP = ∠CSP より，∠ASC = 0°なので∠ASC = 180°とはならず，(g)は**修正する必要がある。**

よって，点CとSを通る直線が点Aを通ることを証明するには，(3)の【証明】と比較して，**③(a)，(c)，(e)，(f)，(g)のみ修正する必要がある。** →ク

(注)　空欄の証明を整理して書いておく。

┌─【(3)の証明】──────────────────────────

四角形 AQPS は円 O_1 に内接するから，∠ASP = ∠BQP

四角形 CSPR は円 O_3 に内接するから，∠CSP = ∠BRP

四角形 BRPQ は円 O_2 に内接するから，∠BQP + ∠BRP = 180°

よって，∠ASC は 180°なので，3点C，S，Aは一直線上にある。

したがって，点CとSを通る直線は点Aを通る。

【⑷の（正しい）証明】

四角形 APSQ は円 O_1 に内接するから，∠ASP = ∠BQP

四角形 SCPR は円 O_3 に内接するから，∠CSP = ∠BRP

四角形 BRQP は円 O_2 に内接するから，∠BQP = ∠BRP

よって，∠ASP = ∠CSP より，∠ASC = $0°$ なので，3 点 C，S，A は一直線上にある。

したがって，点 C と S を通る直線は点 A を通る。

解 説

　本問は，円についての基本的な性質を利用し，誘導に従って証明を完成させていく問題である。空欄を適切な論理の流れで埋める形式の問題であるので，単なる証明問題のように自由に記述できるわけではないため，かえって煩わしく感じる受験生もいるかもしれない（実際，問題文の証明の記述には少しギャップがある）。一方で，証明に苦手意識をもっている受験生は，選択肢を一つ一つ検証していけばよい。

　⑷は，条件を一部変更・修正した際の影響がどう現れるのかを考察するタイプの問題である。前半の証明と照らし合わせて，そのままでよいのか，またはどのように修正すればよいのかを慎重に考えることが要求される。

演習問題 7 － 2　　　　　◆　　問　題

第1回プレテスト　第4問

　花子さんと太郎さんは，正四面体 ABCD の各辺の中点を次の図のように E，F，G，H，I，J としたときに成り立つ性質について，コンピュータソフトを使いながら，下のように話している。二人の会話を読んで，下の問いに答えよ。

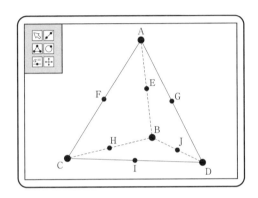

花子：四角形 FHJG は平行四辺形に見えるけれど，正方形ではないかな。
太郎：4辺の長さが等しいことは，簡単に証明できそうだよ。

(1)　太郎さんは四角形 FHJG の 4 辺の長さが等しいことを，次のように証明した。

┌─ 太郎さんの証明 ─────────────────────────
　　　ア　により，四角形 FHJG の各辺の長さはいずれも正四面体 ABCD の
　　1辺の長さの　イ　倍であるから，4辺の長さが等しくなる。
└───────────────────────────────────

(i)　　ア　に当てはまる最も適当なものを，次の⓪～④のうちから一つ選べ。

⓪　中線定理　　　　　①　方べきの定理　　　　　②　三平方の定理

③　中点連結定理　　　④　円周角の定理

(ii)　　イ　に当てはまるものを，次の⓪～④のうちから一つ選べ。

⓪　2　　　　①　$\dfrac{3}{4}$　　　　②　$\dfrac{2}{3}$　　　　③　$\dfrac{1}{2}$　　　　④　$\dfrac{1}{3}$

⑵　花子さんは，太郎さんの考えをもとに，正四面体をいろいろな方向から見て，四
　　角形 FHJG が正方形であることの証明について，下のような構想をもとに，実際
　　に証明した。

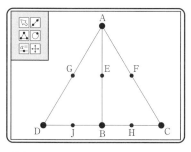

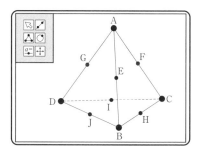

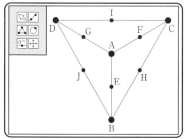

― 花子さんの構想 ――――――――――――――――――――――――――

　　四角形において，4 辺の長さが等しいことは正方形であるための ウ 。
　さらに，対角線 FJ と GH の長さが等しいことがいえれば，四角形 FHJG が正
　方形であることの証明となるので，△FJC と△GHD が合同であることを示し
　たい。
　　しかし，この二つの三角形が合同であることの証明は難しいので，別の三角
　形の組に着目する。

― 花子さんの証明 ――――――――――――――――――――――――――

　　点 F，点 G はそれぞれ AC，AD の中点なので，二つの三角形 エ と
　 オ に着目する。 エ と オ は 3 辺の長さがそれぞれ等しいので合同
　である。このとき， エ と オ は カ で，F と G はそれぞれ AC，
　AD の中点なので，FJ = GH である。
　　よって，四角形 FHJG は，4 辺の長さが等しく対角線の長さが等しいので
　正方形である。

(i) 　ウ　に当てはまるものを，次の⓪〜③のうちから一つ選べ。

⓪　必要条件であるが十分条件でない

①　十分条件であるが必要条件でない

②　必要十分条件である

③　必要条件でも十分条件でもない

(ii) 　エ　，　オ　に当てはまるものが，次の⓪〜⑤の中にある。当てはまるものを一つずつ選べ。ただし，　エ　と　オ　の解答の順序は問わない。

⓪　△AGH　　　　　①　△AIB　　　　　②　△AJC

③　△AHD　　　　　④　△AHC　　　　　⑤　△AJD

(iii) 　カ　に当てはまるものを，次の⓪〜③のうちから一つ選べ。

⓪　正三角形　　　　　　　　①　二等辺三角形

②　直角三角形　　　　　　　③　直角二等辺三角形

　四角形 FHJG が正方形であることを証明した太郎さんと花子さんは，さらに，正四面体 ABCD において成り立つ他の性質を見いだし，下のように話している。

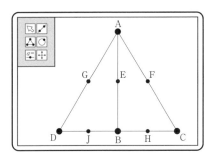
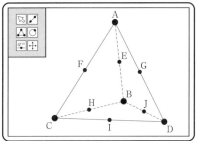

花子：線分 EI と辺 CD は垂直に交わるね。

太郎：そう見えるだけかもしれないよ。証明できる？

花子：(a)辺 CD は線分 AI とも BI とも垂直だから，(b)線分 EI と辺 CD は垂直といえるよ。

太郎：そうか……。ということは，(c)この性質は，四面体 ABCD が正四面体でなくても成り立つ場合がありそうだね。

(3)　下線部(a)から下線部(b)を導く過程で用いる性質として正しいものを，次の⓪〜④ のうちから**すべて選べ**。　| キ |

⓪　平面 α 上にある直線 l と平面 α 上にない直線 m が平行ならば，$\alpha /\!/ m$ である。

①　平面 α 上にある直線 l，m が点 P で交わっているとき，点 P を通り平面 α 上 にない直線 n が直線 l，m に垂直ならば，$\alpha \perp n$ である。

②　平面 α と直線 l が点 P で交わっているとき，$\alpha \perp l$ ならば，平面 α 上の点 P を 通るすべての直線 m に対して，$l \perp m$ である。

③　平面 α 上にある直線 l，m がともに平面 α 上にない直線 n に垂直ならば， $\alpha \perp n$ である。

④　平面 α 上に直線 l，平面 β 上に直線 m があるとき，$\alpha \perp \beta$ ならば，$l \perp m$ であ る。

(4)　下線部(c)について，太郎さんと花子さんは正四面体でない場合についても考えて みることにした。

　　四面体 ABCD において，AB，CD の中点をそれぞれ E，I とするとき，下線部 (b)が常に成り立つ条件について，次のように考えた。

　　　　太郎さんが考えた条件：　　AC = AD，BC = BD

　　　　花子さんが考えた条件：　　BC = AD，AC = BD

　　四面体 ABCD において，下線部(b)が成り立つ条件について正しく述べているも のを，次の⓪〜③のうちから一つ選べ。　| ク |

⓪　太郎さんが考えた条件，花子さんが考えた条件のどちらにおいても常に成り立 つ。

①　太郎さんが考えた条件では常に成り立つが，花子さんが考えた条件では必ずし も成り立つとは限らない。

②　太郎さんが考えた条件では必ずしも成り立つとは限らないが，花子さんが考え た条件では常に成り立つ。

③　太郎さんが考えた条件，花子さんが考えた条件のどちらにおいても必ずしも成 り立つとは限らない。

演習問題 7 − 2　　◆　解答解説

解答記号	ア	イ	ウ	エ，オ	カ	キ	ク
正　解	③	③	⓪	②，③ (解答の順序は問わない)	①	①，② (すべてマークして正解)	⓪
チェック							

《コンピュータソフトを使う設定での四面体に関する考察》

会話設定　　ICT活用　　考察・証明

(1)　三角形 ABC に中点連結定理を用いると，$FH = \dfrac{1}{2}AB$ である。同様にして，四角形 FHJG の各辺の長さはいずれも正四面体 ABCD の1辺の長さの半分であるから，4辺の長さが等しくなる。

よって，**ア**に当てはまる最も適当なものは③**中点連結定理**であり，**イ**に当てはまるものは③$\dfrac{1}{2}$である。　→**アイ**

(注)　一般的に，空間において4点が同一平面上にあるとは限らないため，問題文では認めている「四角形」FHJG について述べておく。中点連結定理のもう一つの帰結として，AB と FH が平行であり，AB と GJ も平行であることがわかる。これより，FH と GJ も平行であることがわかる。空間内で平行な2直線は同一平面上にあることから，4点 F，H，J，G は同一平面上にあることがわかる。すなわち，「四角形」FHJG の存在がわかる。

(2)(i)　「4辺の長さが等しいならば正方形である」は偽である。正方形でないひし形が反例である。

一方，「正方形ならば4辺の長さが等しい」は真である。

よって，四角形において，4辺の長さが等しいことは正方形であるための

必要条件であるが十分条件でない

から，**ウ**に当てはまるものは⓪である。　→**ウ**

(ii)　線分 FJ や線分 GH を内部に含む三角形を選択肢から選んで考える。すると，二つの三角形

△AJC と △AHD

に着目すればよいことがわかる。よって，**エ，オ**に当てはまるものは②，③（順不同）である。　→**エオ**

(iii)　△AJC と△AHD は，3 辺の長さがそれぞれ等しい（具体的には，AJ = AH，AC = AD，CJ = DH である）から，合同である。

このとき，△AJC は（JA = JC である）二等辺三角形である。

対応して，△AHD も（HA = HD である）二等辺三角形である。

この段階で選択肢の「①二等辺三角形」を選んでよいだろうか。選択肢には，「③直角二等辺三角形」も用意されているので，これら（△AJC と△AHD）が直角二等辺三角形であれば，③も**カ**に当てはまることになる。問いが「一つ選べ」ということであるから，当てはまるものがただ一つということを考慮すると，必然的に直角三角形ではないということになり，実際に△AJC が直角三角形でないことは容易にわかるので，**カ**に当てはまるものは①である。　→**カ**

参考　△AJC と△AHD は合同な二等辺三角形であり，F は AC の中点であり，G は AD の中点であるから，FJ = GH が成り立つ。

よって，四角形 FHJG は 4 辺の長さが等しく，対角線の長さが等しいので，正方形である。

「ひし形において，対角線の長さが等しければ正方形である」ことは，2 本の対角線で作られる 4 つの直角三角形が直角二等辺三角形であることからわかる。

(3)　まず，5 つの選択肢について，③と④に関しては，そもそも命題として正しくない。

選択肢⓪，①，②は命題としては正しい。

しかし，選択肢⓪の性質は，(a)から(b)を導く過程では用いられてはいない。

選択肢①と②の性質は，(a)から(b)を導く過程ではともに（①→②の順で）用いられる。

以下，具体的に本問の設定に即して対応を確認する。

まずは，①が用いられる。

> **選択肢①**
>
> 平面 α 上にある直線 l, m が点 P で交わっているとき，点 P を通り平面 α 上にない直線 n が直線 l, m に垂直ならば，$\alpha \perp n$ である。

> **選択肢①の適用**
>
> 平面 AIB 上にある直線 AI, BI が点 I で交わっており，点 I を通り平面 AIB 上にない $_{(a)}$直線 CD が直線 AI, BI に垂直であるから，（平面 AIB）⊥（直線 CD）である。

この①の適用を受け，それに引き続き，②が用いられる。

選択肢②

平面 α と直線 l が点 P で交わっているとき，$\alpha \perp l$ ならば，平面 α 上の点 P を通るすべての直線 m に対して，$l \perp m$ である。

選択肢②の適用

平面 AIB と直線 CD が点 I で交わっており，(平面 AIB)⊥(直線 CD) であるから，平面 AIB 上の点 I を通るすべての直線 m に対して，(直線 CD)⊥m である。特に，直線 m として，直線 EI をとると，(b)(直線 CD)⊥(直線 EI) がいえる。

よって，(a)から(b)を導く過程で用いる性質として正しいものを選択肢からすべて選ぶと，①，②である。→キ

(4)　太郎さんが考えた条件と花子さんが考えた条件のそれぞれについて議論しなければならない。

問題を整理すると，四面体 ABCD において，AB の中点を E，CD の中点を I とするとき

太郎さん

四面体 ABCD において，$\begin{cases} AC = AD \\ BC = BD \end{cases} \Longrightarrow$ (b)線分 EI と辺 CD は垂直

が成り立つか？

花子さん

四面体 ABCD において，$\begin{cases} BC = AD \\ AC = BD \end{cases} \Longrightarrow$ (b)線分 EI と辺 CD は垂直

が成り立つか？

まずは，太郎さんの場合から考えよう。

点 I は辺 CD の中点であるから，AC = AD ならば，AI⊥CD であり，BC = BD ならば，BI⊥CD である。

したがって，(平面 AIB)⊥(辺 CD) が成り立つ。

よって，平面 AIB 上の直線 EI に対して，(線分 EI)⊥(辺 CD) が成り立つといえる。

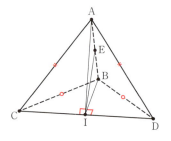

次に，花子さんの場合を考えよう。

BC＝AD，AC＝BD ならば，△ABC と △BAD において，3辺の長さがそれぞれ等しい（3辺相等）ため，△ABC≡△BAD がいえる。

すると，点 E は辺 AB の中点であるから，EC＝ED といえる。

これより，三角形 ECD は EC＝ED の二等辺三角形であるから，辺 CD の中点 I に対して，EI⊥CD が成り立つといえる。

よって，太郎さんが考えた条件，花子さんが考えた条件のどちらにおいても常に(b)が成り立つことから，正しく述べているものは⓪である。　**→ク**

解　説

本問は，立体をいろいろな方向から見ることができるコンピュータソフトを利用して，四面体に関して気づいたことを太郎さんと花子さんが説明，解決している問題である。ただし，コンピュータソフトを使う設定になっているが，問題を解く上では必ずしも必要というわけではない。

(2)(ⅰ)**ウ**は論理との融合問題である。四角形の名称の定義をきちんと知っておこう。

　　　長方形　4つの内角がすべて等しい四角形

　　　ひし形　4辺の長さがすべて等しい四角形

　　　正方形　4つの内角がすべて等しく，かつ4辺の長さがすべて等しい四角形

したがって，「正方形は長方形である」や「正方形はひし形である」という記述は正しいが，その逆は成り立たない。

(2)(ⅱ)では自分で証明を考えるのではなく，花子さんの構想にしたがって証明を考えることが求められる。

(3)の選択肢はどれも文章が長く，意味を把握するのに苦労する。また，「すべて選べ」という設問は，すべての選択肢について吟味を要求される。数学的に正しいものを答えるのではなく，議論の上で本質的に使われている内容を答えることに注意したい。

(4)については，正しいものを選ぶ形式の問題であり，常に成り立つかどうかを証明するしかなく，時間的にも厳しい設問である。

参考　中線定理について

設問(1)(i)の選択肢⓪の「中線定理」はほとんどの「数学A」の教科書では扱われていないので，ここで解説しておく。

┌─**中線定理**─────────────────────────────

三角形 ABC において，BC の中点を M とするとき，等式
$$AB^2 + AC^2 = 2(AM^2 + BM^2)$$
が成り立つ。これを中線定理（あるいは，パップスの定理）という。

└──────────────────────────────────────

この中線定理は，余弦定理（あるいは三平方の定理）を用いて確認することができる。

一方，次のことにも注意したい。

┌─**注意**───────────────────────────────

三角形 ABC の辺 BC 上の点 E について，等式
$$AB^2 + AC^2 = 2(AE^2 + BE^2)$$
が成り立っているとき，点 E は辺 BC の中点であるとは限らない。

つまり，辺 BC 上の中点でない点でも，上の等式を成り立たせる点は存在することがある。

└──────────────────────────────────────

演習問題7−3　　　◆　　問　題

オリジナル問題

　[図1] のように，三角形 ABC とその内部の点 P に関して，直線 AP と直線 BC との交点を D，直線 BP と直線 CA との交点を E，直線 CP と直線 AB との交点を F とする。このとき

$$\frac{AF}{FB} \cdot \frac{BD}{DC} \cdot \frac{CE}{EA} = 1$$

が成り立つ。これをチェバの定理という。

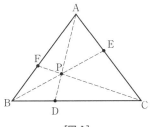

[図1]

　このチェバの定理を3通りの方法で証明してみよう。

証明その1

　　$\triangle PBC = L$，$\triangle PCA = M$，$\triangle PAB = N$とすると

$$\frac{AF}{FB} = \frac{\boxed{ア}}{\boxed{イ}}, \quad \frac{BD}{DC} = \frac{\boxed{ウ}}{\boxed{エ}}, \quad \frac{CE}{EA} = \frac{\boxed{オ}}{\boxed{カ}}$$

と表せるので，これらを掛け合わせると

$$\frac{AF}{FB} \cdot \frac{BD}{DC} \cdot \frac{CE}{EA} = \frac{\boxed{ア}}{\boxed{イ}} \cdot \frac{\boxed{ウ}}{\boxed{エ}} \cdot \frac{\boxed{オ}}{\boxed{カ}} = 1$$

が得られる。　　　　　　　　　　　　　　　　　　　　　（証明終わり）

---

(1)　$\boxed{ア}$ ～ $\boxed{カ}$ に当てはまるものを，次の ⓪ ～ ⑤ のうちから一つずつ選べ。ただし，同じものを選んでもよい。

　⓪　L　　　　　　　　　①　M　　　　　　　　　②　N

　③　$L+M$　　　　　　　④　$L+N$　　　　　　　⑤　$M+N$

　次に，第2の証明方法をみてみよう。

┌─ 証明その2 ─┐

　[図2] のように，PB と平行で点 A を通る直線と直線 CP との交点を U とし，AP と平行で点 B を通る直線と直線 CP との交点を V とする。

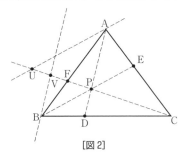

[図2]

　すると，三角形 APF と三角形 BVF が相似になることから

$$\frac{AF}{FB} = \frac{\boxed{キ}}{\boxed{ク}}$$

である。また，三角形 APU と三角形 BVP が相似になることから

$$\frac{\boxed{キ}}{\boxed{ク}} = \frac{\boxed{ケ}}{\boxed{コ}}$$

であるから

$$\frac{AF}{FB} = \frac{\boxed{ケ}}{\boxed{コ}} \quad \cdots\cdots①$$

が成り立つ。また，直線 AP と直線 VB が平行であるから

$$\frac{BD}{DC} = \frac{\boxed{サ}}{\boxed{シ}} \quad \cdots\cdots②$$

である。さらに，直線 AU と直線 PB が平行であるから

$$\frac{CE}{EA} = \frac{\boxed{ス}}{\boxed{セ}} \quad \cdots\cdots③$$

が成り立つ。よって，①，②，③の辺々を掛け合わせると

$$\frac{AF}{FB} \cdot \frac{BD}{DC} \cdot \frac{CE}{EA} = \frac{\boxed{ケ}}{\boxed{コ}} \cdot \frac{\boxed{サ}}{\boxed{シ}} \cdot \frac{\boxed{ス}}{\boxed{セ}} = 1$$

が得られる。　　　　　　　　　　　　　　　　　　　　　（証明終わり）

(2)　$\boxed{キ}$ ～ $\boxed{セ}$ に当てはまるものを，次の ⓪～⑨ のうちから一つずつ選べ。ただし，同じものを選んでもよい。

⓪　PA　　　　① PB　　　　② PC　　　　③ AB　　　　④ BC

⑤　CA　　　　⑥ PU　　　　⑦ PV　　　　⑧ UV　　　　⑨ BV

第3の証明方法をみてみよう。

─ 証明その3 ─

　[図3] のように，点Pを通り AB と平行な直線と BC との交点を G，CA との交点を H とし，点Pを通り BC と平行な直線と AB との交点を I，AC との交点を J とし，点Pを通り CA と平行な直線と BC との交点を K，AB との交点を L とする。

　さらに，$BD = a_1$，$DC = a_2$，$CE = b_1$，$EA = b_2$，$AF = c_1$，$FB = c_2$ とし，$PI = p_1$，$PJ = p_2$，$PK = q_1$，$PL = q_2$，$PH = r_1$，$PG = r_2$ とする。

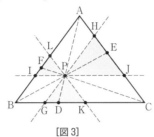

[図3]

　平行線の性質から

$$\frac{a_1}{a_2} = \frac{\boxed{ソ}}{\boxed{タ}}, \quad \frac{b_1}{b_2} = \frac{\boxed{チ}}{\boxed{ツ}}, \quad \frac{c_1}{c_2} = \frac{\boxed{テ}}{\boxed{ト}}$$

が成り立つ。

　また，灰色の3つの三角形はすべて三角形 ABC と相似であるから

$$\frac{\boxed{ソ}}{\boxed{ツ}} = \frac{\boxed{ナ}}{\boxed{ニ}}, \quad \frac{\boxed{チ}}{\boxed{ト}} = \frac{\boxed{ヌ}}{\boxed{ネ}}, \quad \frac{\boxed{テ}}{\boxed{タ}} = \frac{\boxed{ノ}}{\boxed{ハ}}$$

である。これより

$$\frac{AF}{FB} \cdot \frac{BD}{DC} \cdot \frac{CE}{EA} = \frac{c_1}{c_2} \cdot \frac{a_1}{a_2} \cdot \frac{b_1}{b_2} = \frac{\boxed{ナ}}{\boxed{ニ}} \cdot \frac{\boxed{ヌ}}{\boxed{ネ}} \cdot \frac{\boxed{ノ}}{\boxed{ハ}} = 1$$

が得られる。

（証明終わり）

(3)　$\boxed{ソ} \sim \boxed{ト}$ に当てはまるものを，次の⓪〜⑤のうちから一つずつ選べ。ただし，同じものを選んでもよい。

　⓪ p_1　　　　① p_2　　　　② q_1　　　　③ q_2　　　　④ r_1　　　　⑤ r_2

(4)　$\boxed{ナ} \sim \boxed{ハ}$ に当てはまるものを，次の⓪〜②のうちから一つずつ選べ。ただし，同じものを選んでもよい。

　⓪ AB　　　　　　　① BC　　　　　　　② CA

演習問題7－3　◆　解答解説

解答記号	ア	イ	ウ	エ	オ	カ	キ	ク	ケ	コ	サ	シ	ス
正解	①	⓪	②	①	⓪	②	⓪	⑨	⑥	⑦	⑦	②	②
チェック													

解答記号	セ	ソ	タ	チ	ツ	テ	ト	ナ	ニ	ヌ	ネ	ノ	ハ
正解	⑥	⓪	①	②	③	④	⑤	①	②	②	⓪	⓪	①
チェック													

《チェバの定理の証明》　考察・証明

(1)

$$\frac{AF}{FB}=\frac{\triangle PCA}{\triangle PBC}=\frac{M}{L}$$ （PC を底辺とみなしたときの高さの割合に等しい）

$$\frac{BD}{DC}=\frac{\triangle PAB}{\triangle PCA}=\frac{N}{M}$$ （PA を底辺とみなしたときの高さの割合に等しい）

$$\frac{CE}{EA}=\frac{\triangle PBC}{\triangle PAB}=\frac{L}{N}$$ （PB を底辺とみなしたときの高さの割合に等しい）

よって

$$\frac{AF}{FB}\cdot\frac{BD}{DC}\cdot\frac{CE}{EA}=\frac{M}{L}\cdot\frac{N}{M}\cdot\frac{L}{N}=1$$

が成り立つ。ア～カに当てはまるものは，それぞれ①，⓪，②，①，⓪，②である。　→ア～カ

(2)　△APF∽△BVF より　$$\frac{AF}{FB}=\frac{PA}{BV}$$

△APU∽△BVP より　$$\frac{PA}{BV}=\frac{PU}{PV}$$

よって　$$\frac{AF}{FB}=\frac{PU}{PV}$$ ……①

また，AP∥VB より　$$\frac{BD}{DC}=\frac{PV}{PC}$$ ……②

AU∥PB より　$$\frac{CE}{EA}=\frac{PC}{PU}$$ ……③

①，②，③より

$$\frac{AF}{FB}\cdot\frac{BD}{DC}\cdot\frac{CE}{EA}=\frac{PU}{PV}\cdot\frac{PV}{PC}\cdot\frac{PC}{PU}=1$$

が成り立つ。**キ〜セ**に当てはまるものは，それぞれ⓪，⑨，⑥，⑦，⑦，②，②，⑥である。　→**キ〜セ**

(3)　$\dfrac{\text{BD}}{\text{DC}} = \dfrac{\text{PI}}{\text{PJ}}$ より　　$\dfrac{a_1}{a_2} = \dfrac{p_1}{p_2}$

$\dfrac{\text{CE}}{\text{EA}} = \dfrac{\text{PK}}{\text{PL}}$ より　　$\dfrac{b_1}{b_2} = \dfrac{q_1}{q_2}$

$\dfrac{\text{AF}}{\text{FB}} = \dfrac{\text{PH}}{\text{PG}}$ より　　$\dfrac{c_1}{c_2} = \dfrac{r_1}{r_2}$

ソ〜トに当てはまるものは，それぞれ⓪，①，②，③，④，⑤である。　→**ソ〜ト**

(4)　相似な三角形についての辺の対応を考える。

△LIP∽△ABC より　　$\dfrac{\text{PI}}{\text{PL}} = \dfrac{p_1}{q_2} = \dfrac{\text{CB}}{\text{CA}}$

△PGK∽△ABC より　　$\dfrac{\text{PK}}{\text{PG}} = \dfrac{q_1}{r_2} = \dfrac{\text{AC}}{\text{AB}}$

△HPJ∽△ABC より　　$\dfrac{\text{PH}}{\text{PJ}} = \dfrac{r_1}{p_2} = \dfrac{\text{BA}}{\text{BC}}$

よって

$$\frac{\text{AF}}{\text{FB}} \cdot \frac{\text{BD}}{\text{DC}} \cdot \frac{\text{CE}}{\text{EA}} = \frac{c_1}{c_2} \cdot \frac{a_1}{a_2} \cdot \frac{b_1}{b_2} = \frac{p_1}{p_2} \cdot \frac{q_1}{q_2} \cdot \frac{r_1}{r_2}$$

$$= \frac{p_1}{q_2} \cdot \frac{q_1}{r_2} \cdot \frac{r_1}{p_2} = \frac{\text{CB}}{\text{CA}} \cdot \frac{\text{AC}}{\text{AB}} \cdot \frac{\text{BA}}{\text{BC}} = 1$$

が成り立つ。**ナ〜ハ**に当てはまるものは，それぞれ①，②，②，⓪，⓪，①である。　→**ナ〜ハ**

▎**解説**

　チェバの定理，メネラウスの定理をはじめとする，図形に関する定理を解法の中で適用することはできても，なぜその定理が成り立つのかという証明を経験したことがない受験生もいるのではないだろうか。自分でその数学的主張を確認する態度は大切である。

　本問では，チェバの定理に対して代表的な3通りの証明方法を紹介している。誘導に沿って議論を進めていけば自然と証明できるようになっている。線分比を面積比に置き換えることはよく行われる。長さ（1次元）の情報が面積（2次元）の情報から間接的に得られることはしばしばある。例えば，三角形の内接円の半径を求めるときや，60°や120°の角の二等分線の長さを求めるとき，角の二等分線の性質などである。これらは高度な考え方ではあるが，入試問題では頻出事項であるので，理解して

おこう。

　メネラウスの定理の証明も教科書に書かれているので，どのような発想で証明して
いるか確認してみよう。本質的には，本問の**証明その2**と同様に"同じ線分に比を集
めるために補助線として平行線を引く"方法である。なお，メネラウスの定理を 2 回
用いてチェバの定理を証明することもできる。

実戦問題

2021年度 共通テスト
本試験（第1日程）

解答時間 70 分　配点 100 点

解答上の注意

1　解答は，解答用紙の問題番号に対応した解答欄にマークしなさい。

2　問題の文中の　ア　，　イウ　などには，符号（－，±）又は数字（0～9）が
入ります。ア，イ，ウ，…の一つ一つは，これらのいずれか一つに対応します。
それらを解答用紙の**ア，イ，ウ**，…で示された解答欄にマークして答えなさい。

例　　**アイウ**　に－83と答えたいとき

ア	● ⊕ ⓪ ① ② ③ ④ ⑤ ⑥ ⑦ ⑧ ⑨
イ	⊖ ⊕ ⓪ ① ② ③ ④ ⑤ ⑥ ⑦ ⑧ ●
ウ	⊖ ⊕ ⓪ ① ② ● ④ ⑤ ⑥ ⑦ ⑧ ⑨

3　分数形で解答する場合，分数の符号は分子につけ，分母につけてはいけません。

例えば，$\dfrac{エオ}{カ}$ に $-\dfrac{4}{5}$ と答えたいときは，$\dfrac{-4}{5}$ として答えなさい。

また，それ以上約分できない形で答えなさい。

例えば，$\dfrac{3}{4}$ と答えるところを，$\dfrac{6}{8}$ のように答えてはいけません。

4　小数の形で解答する場合，指定された桁数の一つ下の桁を四捨五入して答えな
さい。また，必要に応じて，指定された桁まで⓪にマークしなさい。

例えば，$\boxed{キ}.\boxed{クケ}$ に2.5と答えたいときは，2.50として答えなさい。

5　根号を含む形で解答する場合，根号の中に現れる自然数が最小となる形で答え
なさい。

例えば，$\boxed{コ}\sqrt{\boxed{サ}}$ に $4\sqrt{2}$ と答えるところを，$2\sqrt{8}$ のように答え
てはいけません。

6　根号を含む分数形で解答する場合，例えば $\dfrac{\boxed{シ}+\boxed{ス}\sqrt{\boxed{セ}}}{\boxed{ソ}}$ に

$\dfrac{3+2\sqrt{2}}{2}$ と答えるところを，$\dfrac{6+4\sqrt{2}}{4}$ や $\dfrac{6+2\sqrt{8}}{4}$ のように答えてはいけ
ません。

7　問題の文中の二重四角で表記された　タ　などには，選択肢から一つを選ん
で，答えなさい。

8　同一の問題文中に　チツ　，　テ　などが2度以上現れる場合，原則とし
て，2度目以降は，チツ，テのように細字で表記します。

数学Ⅰ・数学A

問　　題	選　択　方　法
第1問	必　　答
第2問	必　　答
第3問	いずれか2問を選択し，解答しなさい。
第4問	
第5問	

第1問 （必答問題）（配点 30）

〔1〕 c を正の整数とする。x の2次方程式

$$2x^2 + (4c - 3)x + 2c^2 - c - 11 = 0 \quad \cdots\cdots\cdots\cdots\cdots\cdots ①$$

について考える。

(1) $c = 1$ のとき，① の左辺を因数分解すると

$$\left(\boxed{\ \text{ア}\ } x + \boxed{\ \text{イ}\ } \right)\left(x - \boxed{\ \text{ウ}\ } \right)$$

であるから，① の解は

$$x = -\frac{\boxed{\ \text{イ}\ }}{\boxed{\ \text{ア}\ }}, \quad \boxed{\ \text{ウ}\ }$$

である。

(2) $c = 2$ のとき，① の解は

$$x = \frac{-\boxed{\ \text{エ}\ } \pm \sqrt{\boxed{\ \text{オカ}\ }}}{\boxed{\ \text{キ}\ }}$$

であり，大きい方の解を α とすると

$$\frac{5}{\alpha} = \frac{\boxed{\ \text{ク}\ } + \sqrt{\boxed{\ \text{ケコ}\ }}}{\boxed{\ \text{サ}\ }}$$

である。また，$m < \dfrac{5}{\alpha} < m + 1$ を満たす整数 m は $\boxed{\ \text{シ}\ }$ である。

⑶ 太郎さんと花子さんは，① の解について考察している。

太郎：① の解は c の値によって，ともに有理数である場合もあれ
ば，ともに無理数である場合もあるね。c がどのような値のと
きに，解は有理数になるのかな。

花子：2次方程式の解の公式の根号の中に着目すればいいんじゃない
かな。

① の解が異なる二つの有理数であるような正の整数 c の個数は
　ス　個である。

〔2〕　右の図のように，△ABC の外側に辺
　　AB，BC，CA をそれぞれ1辺とする正方
　　形 ADEB，BFGC，CHIA をかき，2点 E
　　と F，G と H，I と D をそれぞれ線分で結
　　んだ図形を考える。以下において

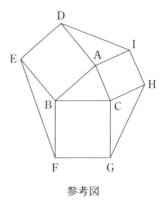

参考図

　　　BC $= a$，CA $= b$，AB $= c$

　　　$\angle$CAB $= A$，$\angle$ABC $= B$，$\angle$BCA $= C$

とする。

⑴　$b = 6$，$c = 5$，$\cos A = \dfrac{3}{5}$ のとき，$\sin A = \dfrac{\boxed{セ}}{\boxed{ソ}}$ であり，

　　△ABC の面積は $\boxed{\text{タチ}}$，△AID の面積は $\boxed{\text{ツテ}}$ である。

(2)　正方形 BFGC，CHIA，ADEB の面積をそれぞれ S_1，S_2，S_3 とする。このとき，$S_1 - S_2 - S_3$ は

- $0° < A < 90°$ のとき，　|　ト　|　。

- $A = 90°$ のとき，　|　ナ　|　。

- $90° < A < 180°$ のとき，　|　ニ　|　。

|　ト　|　〜　|　ニ　|　の解答群（同じものを繰り返し選んでもよい。）

⓪　0である

①　正の値である

②　負の値である

③　正の値も負の値もとる

(3)　△AID，△BEF，△CGH の面積をそれぞれ T_1，T_2，T_3 とする。このとき，|　ヌ　|　である。

|　ヌ　|　の解答群

⓪　$a < b < c$ ならば，$T_1 > T_2 > T_3$

①　$a < b < c$ ならば，$T_1 < T_2 < T_3$

②　A が鈍角ならば，$T_1 < T_2$ かつ $T_1 < T_3$

③　a，b，c の値に関係なく，$T_1 = T_2 = T_3$

(4) △ABC，△AID，△BEF，△CGH のうち，外接円の半径が最も小さいものを求める。

$0°< A < 90°$ のとき，ID $\boxed{\text{ネ}}$ BC であり

（△AID の外接円の半径）$\boxed{\text{ノ}}$（△ABC の外接円の半径）

であるから，外接円の半径が最も小さい三角形は

- $0°< A < B < C < 90°$ のとき，$\boxed{\text{ハ}}$ である。
- $0°< A < B < 90°< C$ のとき，$\boxed{\text{ヒ}}$ である。

$\boxed{\text{ネ}}$，$\boxed{\text{ノ}}$ の解答群(同じものを繰り返し選んでもよい。)

⓪ ＜　　　　　　① ＝　　　　　　② ＞

$\boxed{\text{ハ}}$，$\boxed{\text{ヒ}}$ の解答群(同じものを繰り返し選んでもよい。)

⓪ △ABC　　① △AID　　② △BEF　　③ △CGH

第 2 問 （必答問題）（配点　30）

〔1〕　陸上競技の短距離 100 m 走では，100 m を走るのにかかる時間（以下，タイムと呼ぶ）は，1 歩あたりの進む距離（以下，ストライドと呼ぶ）と 1 秒あたりの歩数（以下，ピッチと呼ぶ）に関係がある。ストライドとピッチはそれぞれ以下の式で与えられる。

$$\text{ストライド}(m/歩) = \frac{100\,(m)}{100\,m\,\text{を走るのにかかった歩数}(歩)}$$

$$\text{ピッチ}(歩/秒) = \frac{100\,m\,\text{を走るのにかかった歩数}(歩)}{\text{タイム}(秒)}$$

ただし，100 m を走るのにかかった歩数は，最後の 1 歩がゴールラインをまたぐこともあるので，小数で表される。以下，単位は必要のない限り省略する。

　例えば，タイムが 10.81 で，そのときの歩数が 48.5 であったとき，ストライドは $\frac{100}{48.5}$ より約 2.06，ピッチは $\frac{48.5}{10.81}$ より約 4.49 である。

　なお，小数の形で解答する場合は，**解答上の注意**にあるように，指定された桁数の一つ下の桁を四捨五入して答えよ。また，必要に応じて，指定された桁まで⓪にマークせよ。

(1) ストライドを x，ピッチを z とおく。ピッチは1秒あたりの歩数，ストライドは1歩あたりの進む距離なので，1秒あたりの進む距離すなわち平均速度は，x と z を用いて ☐ ア ☐ (m/秒) と表される。

これより，タイムと，ストライド，ピッチとの関係は

$$タイム = \frac{100}{\boxed{ア}}$$ ……………………… ①

と表されるので，☐ ア ☐ が最大になるときにタイムが最もよくなる。ただし，タイムがよくなるとは，タイムの値が小さくなることである。

☐ ア ☐ の解答群

⓪ $x + z$	① $z - x$	② xz
③ $\dfrac{x + z}{2}$	④ $\dfrac{z - x}{2}$	⑤ $\dfrac{xz}{2}$

(2)　男子短距離 100 m 走の選手である太郎さんは，①に着目して，タイム
が最もよくなるストライドとピッチを考えることにした。

次の表は，太郎さんが練習で 100 m を 3 回走ったときのストライドと
ピッチのデータである。

	1回目	2回目	3回目
ストライド	2.05	2.10	2.15
ピッチ	4.70	4.60	4.50

また，ストライドとピッチにはそれぞれ限界がある。太郎さんの場合，
ストライドの最大値は 2.40，ピッチの最大値は 4.80 である。

太郎さんは，上の表から，ストライドが 0.05 大きくなるとピッチが
0.1 小さくなるという関係があると考えて，ピッチがストライドの 1 次関
数として表されると仮定した。このとき，ピッチ z はストライド x を用い
て

$$z = \boxed{\text{イウ}}\, x + \frac{\boxed{\text{エオ}}}{5} \qquad\qquad\qquad ②$$

と表される。

②が太郎さんのストライドの最大値 2.40 とピッチの最大値 4.80 まで
成り立つと仮定すると，x の値の範囲は次のようになる。

$$\boxed{\text{カ}}\,.\,\boxed{\text{キク}} \leqq x \leqq 2.40$$

$y = \boxed{\text{ア}}$ とおく。②を $y = \boxed{\text{ア}}$ に代入することにより，y を x の関数として表すことができる。太郎さんのタイムが最もよくなるストライドとピッチを求めるためには，$\boxed{\text{カ}}.\boxed{\text{キク}} \leqq x \leqq 2.40$ の範囲で y の値を最大にする x の値を見つければよい。このとき，y の値が最大になるのは $x = \boxed{\text{ケ}}.\boxed{\text{コサ}}$ のときである。

よって，太郎さんのタイムが最もよくなるのは，ストライドが $\boxed{\text{ケ}}.\boxed{\text{コサ}}$ のときであり，このとき，ピッチは $\boxed{\text{シ}}.\boxed{\text{スセ}}$ である。また，このときの太郎さんのタイムは，①により $\boxed{\text{ソ}}$ である。

$\boxed{\text{ソ}}$ については，最も適当なものを，次の⓪〜⑤のうちから一つ選べ。

⓪　9.68	①　9.97	②　10.09
③　10.33	④　10.42	⑤　10.55

〔2〕　就業者の従事する産業は，勤務する事業所の主な経済活動の種類によって，第1次産業（農業，林業と漁業），第2次産業（鉱業，建設業と製造業），第3次産業（前記以外の産業）の三つに分類される。国の労働状況の調査（国勢調査）では，47 の都道府県別に第1次，第2次，第3次それぞれの産業ごとの就業者数が発表されている。ここでは都道府県別に，就業者数に対する各産業に就業する人数の割合を算出したものを，各産業の「就業者数割合」と呼ぶことにする。

⑴ 図1は，1975年度から2010年度まで5年ごとの8個の年度（それぞれを時点という）における都道府県別の三つの産業の就業者数割合を箱ひげ図で表したものである。各時点の箱ひげ図は，それぞれ上から順に第1次産業，第2次産業，第3次産業のものである。

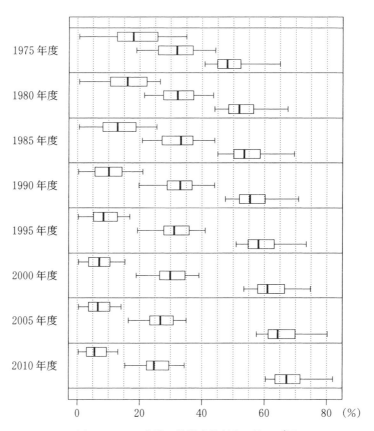

図1　三つの産業の就業者数割合の箱ひげ図

（出典：総務省の Web ページにより作成）

次の⓪~⑤のうち，図1から読み取れることとして**正しくないもの**は

タ　と　チ　である。

タ　，　チ　の解答群(解答の順序は問わない。)

⓪　第1次産業の就業者数割合の四分位範囲は，2000年度までは，後の時点になるにしたがって減少している。

①　第1次産業の就業者数割合について，左側のひげの長さと右側のひげの長さを比較すると，どの時点においても左側の方が長い。

②　第2次産業の就業者数割合の中央値は，1990年度以降，後の時点になるにしたがって減少している。

③　第2次産業の就業者数割合の第1四分位数は，後の時点になるにしたがって減少している。

④　第3次産業の就業者数割合の第3四分位数は，後の時点になるにしたがって増加している。

⑤　第3次産業の就業者数割合の最小値は，後の時点になるにしたがって増加している。

⑵ ⑴で取り上げた 8 時点の中から 5 時点を取り出して考える。各時点に
おける都道府県別の，第 1 次産業と第 3 次産業の就業者数割合のヒストグ
ラムを一つのグラフにまとめてかいたものが，次ページの五つのグラフで
ある。それぞれの右側の網掛けしたヒストグラムが第 3 次産業のものであ
る。なお，ヒストグラムの各階級の区間は，左側の数値を含み，右側の数
値を含まない。

- 1985 年度におけるグラフは ツ である。
- 1995 年度におけるグラフは テ である。

ツ ， テ については，最も適当なものを，次の ⓪ ～ ④ のうちか
ら一つずつ選べ。ただし，同じものを繰り返し選んでもよい。

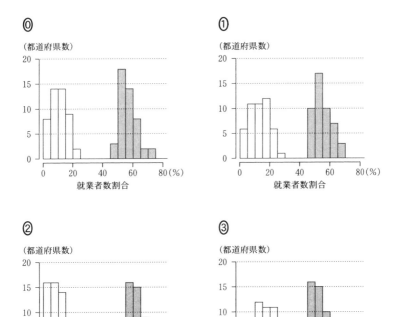

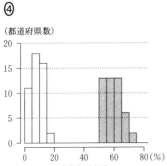

(出典：総務省の Web ページにより作成)

(3) 三つの産業から二つずつを組み合わせて都道府県別の就業者数割合の散布図を作成した。図 2 の散布図群は，左から順に 1975 年度における第 1 次産業(横軸)と第 2 次産業(縦軸)の散布図，第 2 次産業(横軸)と第 3 次産業(縦軸)の散布図，および第 3 次産業(横軸)と第 1 次産業(縦軸)の散布図である。また，図 3 は同様に作成した 2015 年度の散布図群である。

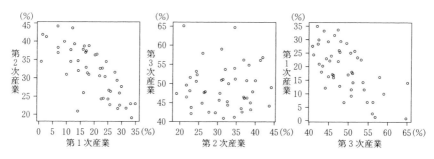

図 2　1975 年度の散布図群

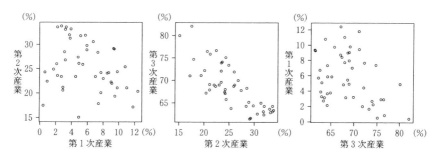

図 3　2015 年度の散布図群

(出典：図 2，図 3 はともに総務省の Web ページにより作成)

　　下の(I), (Ⅱ), (Ⅲ)は，1975年度を基準としたときの，2015年度の変化を記述したものである。ただし，ここで「相関が強くなった」とは，相関係数の絶対値が大きくなったことを意味する。

(I)　都道府県別の第1次産業の就業者数割合と第2次産業の就業者数割合の間の相関は強くなった。

(Ⅱ)　都道府県別の第2次産業の就業者数割合と第3次産業の就業者数割合の間の相関は強くなった。

(Ⅲ)　都道府県別の第3次産業の就業者数割合と第1次産業の就業者数割合の間の相関は強くなった。

　　(I), (Ⅱ), (Ⅲ)の正誤の組合せとして正しいものは　$\boxed{\text{ト}}$　である。

$\boxed{\text{ト}}$ の解答群

	⓪	①	②	③	④	⑤	⑥	⑦
(I)	正	正	正	正	誤	誤	誤	誤
(Ⅱ)	正	正	誤	誤	正	正	誤	誤
(Ⅲ)	正	誤	正	誤	正	誤	正	誤

⑷ 各都道府県の就業者数の内訳として男女別の就業者数も発表されてい
る。そこで，就業者数に対する男性・女性の就業者数の割合をそれぞれ
「男性の就業者数割合」，「女性の就業者数割合」と呼ぶことにし，これらを
都道府県別に算出した。図4は，2015年度における都道府県別の，第1
次産業の就業者数割合（横軸）と，男性の就業者数割合（縦軸）の散布図であ
る。

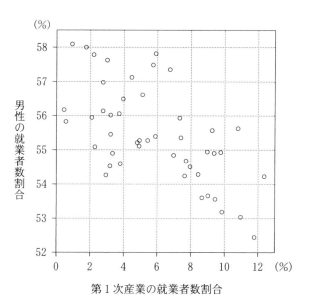

図4　都道府県別の，第1次産業の就業者数割合と，
男性の就業者数割合の散布図

（出典：総務省の Web ページにより作成）

　　各都道府県の，男性の就業者数と女性の就業者数を合計すると就業者数の全体となることに注意すると，2015年度における都道府県別の，第1次産業の就業者数割合(横軸)と，女性の就業者数割合(縦軸)の散布図は　ナ　である。

　　ナ　については，最も適当なものを，下の⓪～③のうちから一つ選べ。なお，設問の都合で各散布図の横軸と縦軸の目盛りは省略しているが，横軸は右方向，縦軸は上方向がそれぞれ正の方向である。

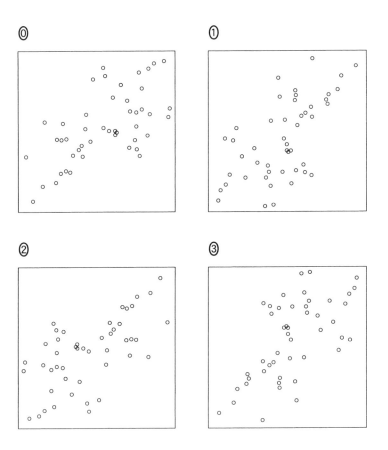

⓪　　　　　　　　　　　　　①

②　　　　　　　　　　　　　③

第3問 （選択問題）（配点 20）

中にくじが入っている箱が複数あり，各箱の外見は同じであるが，当たりくじ を引く確率は異なっている。くじ引きの結果から，どの箱からくじを引いた可能 性が高いかを，条件付き確率を用いて考えよう。

(1) 当たりくじを引く確率が $\dfrac{1}{2}$ である箱Aと，当たりくじを引く確率が $\dfrac{1}{3}$ である箱Bの二つの箱の場合を考える。

(i) 各箱で，くじを1本引いてはもとに戻す試行を3回繰り返したとき

$$\text{箱Aにおいて，3回中ちょうど1回当たる確率は}\ \dfrac{\boxed{\text{ア}}}{\boxed{\text{イ}}}\quad\cdots\ ①$$

$$\text{箱Bにおいて，3回中ちょうど1回当たる確率は}\ \dfrac{\boxed{\text{ウ}}}{\boxed{\text{エ}}}\quad\cdots\ ②$$

である。

(ii) まず，AとBのどちらか一方の箱をでたらめに選ぶ。次にその選んだ箱 において，くじを1本引いてはもとに戻す試行を3回繰り返したところ，3 回中ちょうど1回当たった。このとき，箱Aが選ばれる事象をA，箱Bが 選ばれる事象をB，3回中ちょうど1回当たる事象をWとすると

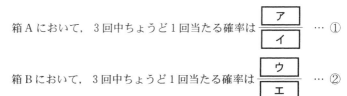

$$P(A \cap W) = \dfrac{1}{2} \times \dfrac{\boxed{\text{ア}}}{\boxed{\text{イ}}}, \quad P(B \cap W) = \dfrac{1}{2} \times \dfrac{\boxed{\text{ウ}}}{\boxed{\text{エ}}}$$

である。$P(W) = P(A \cap W) + P(B \cap W)$ であるから，3回中ちょうど1

回当たったとき，選んだ箱がAである条件付き確率 $P_W(A)$ は $\dfrac{\boxed{\text{オカ}}}{\boxed{\text{キク}}}$ とな

る。また，条件付き確率 $P_W(B)$ は $\dfrac{\boxed{\text{ケコ}}}{\boxed{\text{サシ}}}$ となる。

(2) (1) の $P_W(A)$ と $P_W(B)$ について，次の**事実(*)**が成り立つ。

事実(*)

$P_W(A)$ と $P_W(B)$ の $\boxed{\text{ス}}$ は，①の確率と②の確率の $\boxed{\text{ス}}$ に等しい。

$\boxed{\text{ス}}$ の解答群

⓪　和　　　①　2乗の和　　　②　3乗の和　　　③　比　　　④　積

(3) 花子さんと太郎さんは**事実(*)**について話している。

花子：**事実(*)**はなぜ成り立つのかな？

太郎：$P_W(A)$ と $P_W(B)$ を求めるのに必要な $P(A \cap W)$ と $P(B \cap W)$ の計算で，①，②の確率に同じ数 $\dfrac{1}{2}$ をかけているからだよ。

花子：なるほどね。外見が同じ三つの箱の場合は，同じ数 $\dfrac{1}{3}$ をかけることになるので，同様のことが成り立ちそうだね。

　　当たりくじを引く確率が，$\dfrac{1}{2}$ である箱A，$\dfrac{1}{3}$ である箱B，$\dfrac{1}{4}$ である箱Cの三つの箱の場合を考える。まず，A，B，Cのうちどれか一つの箱をでたらめに選ぶ。次にその選んだ箱において，くじを1本引いてはもとに戻す試行を3回繰り返したところ，3回中ちょうど1回当たった。このとき，選んだ箱がAである条件付き確率は $\dfrac{\boxed{\text{セソタ}}}{\boxed{\text{チツテ}}}$ となる。

(4)

> 花子：どうやら箱が三つの場合でも，条件付き確率の　ス　は各箱で3
>
> 　　　回中ちょうど1回当たりくじを引く確率の　ス　になっているみ
>
> 　　　たいだね。
>
> 太郎：そうだね。それを利用すると，条件付き確率の値は計算しなくて
>
> 　　　も，その大きさを比較することができるね。

当たりくじを引く確率が，$\frac{1}{2}$ である箱A，$\frac{1}{3}$ である箱B，$\frac{1}{4}$ である箱

C，$\frac{1}{5}$ である箱Dの四つの箱の場合を考える。まず，A，B，C，Dのうちど

れか一つの箱をでたらめに選ぶ。次にその選んだ箱において，くじを1本引い

てはもとに戻す試行を3回繰り返したところ，3回中ちょうど1回当たった。

このとき，条件付き確率を用いて，どの箱からくじを引いた可能性が高いかを

考える。可能性が高い方から順に並べると　ト　となる。

　ト　の解答群

⓪　A，B，C，D	①　A，B，D，C	②　A，C，B，D
③　A，C，D，B	④　A，D，B，C	⑤　B，A，C，D
⑥　B，A，D，C	⑦　B，C，A，D	⑧　B，C，D，A

第4問 （選択問題）（配点 20）

円周上に 15 個の点 P_0, P_1, …, P_{14} が反時計回りに順に並んでいる。最初，点 P_0 に石がある。さいころを投げて偶数の目が出たら石を反時計回りに 5 個先の点に移動させ，奇数の目が出たら石を時計回りに 3 個先の点に移動させる。この操作を繰り返す。例えば，石が点 P_5 にあるとき，さいころを投げて 6 の目が出たら石を点 P_{10} に移動させる。次に，5 の目が出たら点 P_{10} にある石を点 P_7 に移動させる。

⑴ さいころを 5 回投げて，偶数の目が　ア　回，奇数の目が　イ　回出れば，点 P_0 にある石を点 P_1 に移動させることができる。このとき，$x =$　ア　，$y =$　イ　は，不定方程式 $5x - 3y = 1$ の整数解になっている。

(2) 不定方程式

$$5x - 3y = 8 \qquad \cdots\cdots\cdots\cdots\cdots\cdots ①$$

のすべての整数解 $x,\ y$ は，k を整数として

$$x = \boxed{\ \ \text{ア}\ \ } \times 8 + \boxed{\ \ \textbf{ウ}\ \ }k,\quad y = \boxed{\ \ \text{イ}\ \ } \times 8 + \boxed{\ \ \textbf{エ}\ \ }k$$

と表される。① の整数解 $x,\ y$ の中で，$0 \leqq y < \boxed{\ \ \text{エ}\ \ }$ を満たすものは

$$x = \boxed{\ \ \textbf{オ}\ \ },\quad y = \boxed{\ \ \textbf{カ}\ \ }$$

である。したがって，さいころを $\boxed{\ \ \textbf{キ}\ \ }$ 回投げて，偶数の目が $\boxed{\ \ \text{オ}\ \ }$ 回，奇数の目が $\boxed{\ \ \text{カ}\ \ }$ 回出れば，点 P_0 にある石を点 P_8 に移動させることができる。

(3)　(2)において，さいころを ┃ キ ┃ 回より少ない回数だけ投げて，点 P_0 にある石を点 P_8 に移動させることはできないだろうか。

> 　（＊）　石を反時計回りまたは時計回りに 15 個先の点に移動させると元の点に戻る。

　（＊）に注意すると，偶数の目が ┃ ク ┃ 回，奇数の目が ┃ ケ ┃ 回出れば，さいころを投げる回数が ┃ コ ┃ 回で，点 P_0 にある石を点 P_8 に移動させることができる。このとき，┃ コ ┃ ＜ ┃ キ ┃ である。

(4)　点 P_1，P_2，…，P_{14} のうちから点を一つ選び，点 P_0 にある石をさいころを何回か投げてその点に移動させる。そのために必要となる，さいころを投げる最小回数を考える。例えば，さいころを 1 回だけ投げて点 P_0 にある石を点 P_2 へ移動させることはできないが，さいころを 2 回投げて偶数の目と奇数の目が 1 回ずつ出れば，点 P_0 にある石を点 P_2 へ移動させることができる。したがって，点 P_2 を選んだ場合には，この最小回数は 2 回である。

　点 P_1，P_2，…，P_{14} のうち，この最小回数が最も大きいのは点 ┃ サ ┃ であり，その最小回数は ┃ シ ┃ 回である。

┃ サ ┃ の解答群

⓪ P_{10}	① P_{11}	② P_{12}	③ P_{13}	④ P_{14}

第 5 問　（選択問題）（配点　20）

$\triangle$ABC において，AB $= 3$，BC $= 4$，AC $= 5$ とする。

$\angle$BAC の二等分線と辺 BC との交点を D とすると

$$BD = \frac{\boxed{ア}}{\boxed{イ}}, \qquad AD = \frac{\boxed{ウ}\sqrt{\boxed{エ}}}{\boxed{オ}}$$

である。

また，$\angle$BAC の二等分線と $\triangle$ABC の外接円 O との交点で点 A とは異なる点を E とする。$\triangle$AEC に着目すると

$$AE = \boxed{カ}\sqrt{\boxed{キ}}$$

である。

$\triangle$ABC の 2 辺 AB と AC の両方に接し，外接円 O に内接する円の中心を P とする。円 P の半径を r とする。さらに，円 P と外接円 O との接点を F とし，直線 PF と外接円 O との交点で点 F とは異なる点を G とする。このとき

$$AP = \sqrt{\boxed{ク}}\, r, \qquad PG = \boxed{ケ} - r$$

と表せる。したがって，方べきの定理により $r = \dfrac{\boxed{コ}}{\boxed{サ}}$ である。

254 数学 I・A　実戦問題

$\triangle$ABC の内心を Q とする。内接円 Q の半径は $\boxed{シ}$ で，$AQ = \sqrt{\boxed{ス}}$ である。また，円 P と辺 AB との接点を H とすると，$AH = \dfrac{\boxed{セ}}{\boxed{ソ}}$ である。

以上から，点 H に関する次の(a)，(b)の正誤の組合せとして正しいものは $\boxed{タ}$ である。

(a)　点 H は 3 点 B，D，Q を通る円の周上にある。

(b)　点 H は 3 点 B，E，Q を通る円の周上にある。

$\boxed{タ}$ の解答群

	⓪	①	②	③
(a)	正	正	誤	誤
(b)	正	誤	正	誤

数学Ⅰ・数学Ａ

問題番号 (配点)	解答記号	正　解	配点	チェック
第1問 (30)	$(\mathcal{P}x+\mathcal{イ})(x-\mathcal{ウ})$	$(2x+5)(x-2)$	2	
	$\dfrac{-\mathcal{エ}\pm\sqrt{\mathcal{オカ}}}{\mathcal{キ}}$	$\dfrac{-5\pm\sqrt{65}}{4}$	2	
	$\dfrac{\mathcal{ク}+\sqrt{\mathcal{ケコ}}}{\mathcal{サ}}$	$\dfrac{5+\sqrt{65}}{2}$	2	
	シ	6	2	
	ス	3	2	
	$\dfrac{\mathcal{セ}}{\mathcal{ソ}}$	$\dfrac{4}{5}$	2	
	タチ	12	2	
	ツテ	12	2	
	ト	②	1	
	ナ	⓪	1	
	ニ	①	1	
	ヌ	③	3	
	ネ	②	2	
	ノ	②	2	
	ハ	⓪	2	
	ヒ	③	2	

問題番号 (配点)	解答記号	正　解	配点	チェック
第2問 (30)	ア	②	3	
	$\mathcal{イウ}x+\dfrac{\mathcal{エオ}}{5}$	$-2x+\dfrac{44}{5}$	3	
	カ.キク	2.00	2	
	ケ.コサ	2.20	3	
	シ.スセ	4.40	2	
	ソ	③	2	
	タとチ	①と③ (解答の順序は問わない)(各2)	4	
	ツ	①	2	
	テ	④	3	
	ト	⑤	3	
	ナ	②	3	

問題番号 (配点)	解答記号	正　解	配点	チェック
第3問 (20)	ア/イ	$\frac{3}{8}$	2	
	ウ/エ	$\frac{4}{9}$	3	
	オカ/キク	$\frac{27}{59}$	3	
	ケコ/サシ	$\frac{32}{59}$	2	
	ス	③	3	
	セソタ/チツテ	$\frac{216}{715}$	4	
	ト	⑧	3	
第4問 (20)	ア	2	1	
	イ	3	1	
	ウ，エ	3, 5	3	
	オ	4	2	
	カ	4	2	
	キ	8	1	
	ク	1	2	
	ケ	4	2	
	コ	5	1	
	サ	③	2	
	シ	6	3	

問題番号 (配点)	解答記号	正　解	配点	チェック
第5問 (20)	ア/イ	$\frac{3}{2}$	2	
	ウ√エ/オ	$\frac{3\sqrt{5}}{2}$	2	
	カ√キ	$2\sqrt{5}$	2	
	√ク r	$\sqrt{5}\,r$	2	
	ケ－r	$5-r$	2	
	コ/サ	$\frac{5}{4}$	2	
	シ	1	2	
	√ス	$\sqrt{5}$	2	
	セ/ソ	$\frac{5}{2}$	2	
	タ	①	2	

（注）　第1問，第2問は必答。第3問〜第5問の
うちから2問選択。計4問を解答。

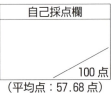

自己採点欄

100 点

（平均点：57.68 点）

第1問 —— 数と式, 図形と計量

〔1〕　標準　《2次方程式, 式の値》　　　　　　　　会話設定

(1)　$c=1$ のとき, $2x^2+(4c-3)x+2c^2-c-11=0$ ……① に $c=1$ を代入すれば

$$2x^2+x-10=0$$

左辺を因数分解すると

$$(\boxed{2}\,x+\boxed{5})(x-\boxed{2})\quad\to\text{ア, イ, ウ}$$

であるから, ①の解は

$$x=-\frac{5}{2},\ 2$$

である。

(2)　$c=2$ のとき, ①に $c=2$ を代入すれば

$$2x^2+5x-5=0$$

解の公式を用いると, ①の解は

$$x=\frac{-5\pm\sqrt{5^2-4\cdot2\cdot(-5)}}{2\cdot2}=\frac{-\boxed{5}\pm\sqrt{\boxed{65}}}{\boxed{4}}\quad\to\text{エ, オカ, キ}$$

であり, 大きい方の解を α とすると

$$\alpha=\frac{-5+\sqrt{65}}{4}$$

だから

$$\frac{5}{\alpha}=\frac{5}{\dfrac{-5+\sqrt{65}}{4}}=\frac{20}{\sqrt{65}-5}=\frac{20(\sqrt{65}+5)}{(\sqrt{65}-5)(\sqrt{65}+5)}$$

$$=\frac{20(\sqrt{65}+5)}{40}=\frac{\boxed{5}+\sqrt{\boxed{65}}}{\boxed{2}}\quad\to\text{ク, ケコ, サ}$$

である。

また, $8=\sqrt{64}$, $9=\sqrt{81}$ より

$$8<\sqrt{65}<9\qquad 13<5+\sqrt{65}<14\qquad \frac{13}{2}<\frac{5+\sqrt{65}}{2}<7$$

だから

$$6<\frac{5}{\alpha}<7$$

よって, $m<\dfrac{5}{\alpha}<m+1$ を満たす整数 m は $\boxed{6}$ →シ である。

(3)　2次方程式①の解の公式の根号の中に着目すると, 根号の中を D とすれば

$$D = (4c-3)^2 - 4 \cdot 2 \cdot (2c^2 - c - 11) = -16c + 97$$

①が異なる二つの実数解をもつ条件は，$D>0$ であることなので

$$D = -16c + 97 > 0 \qquad c < \frac{97}{16} = 6.06\cdots$$

c は正の整数なので　　$c = 1,\ 2,\ 3,\ 4,\ 5,\ 6$

さらに，①の解が有理数となるためには，D が平方数となればよいので，

$c = 1,\ 2,\ 3,\ 4,\ 5,\ 6$ のときの $D = -16c + 97$ の値を計算すると

$$81\,(=9^2),\quad 65,\quad 49\,(=7^2),\quad 33,\quad 17,\quad 1\,(=1^2)$$

よって，$D = -16c + 97$ が平方数となるのは，$c = 1,\ 3,\ 6$ のときだから，①の解が異なる二つの有理数であるような正の整数 c の個数は　　$\boxed{3}$ →ス 個である。

解　説

　文字定数 c を含む2次方程式の解についての問題である。(3)の有理数をもつための条件を求めさせる問題は，個別試験においても出題されるやや発展的な問題である。太郎さんと花子さんの会話文が誘導となっているので，それを手がかりとして正しい方針を立てられるかどうかがポイントである。

(1)・(2)　計算間違いに気を付けさえすれば，特に問題となる部分はない。

(3)　①に解の公式を用いると

$$x = \frac{-(4c-3) \pm \sqrt{(4c-3)^2 - 4 \cdot 2 \cdot (2c^2 - c - 11)}}{2 \cdot 2}$$

$$= \frac{-4c + 3 \pm \sqrt{-16c + 97}}{4}$$

であるが，太郎さんと花子さんの会話文に従って，根号の中に着目して考える。根号の中が平方数となれば，①の解は有理数となることに気付きたい。

　①が異なる二つの実数解をもつための条件は，根号の中の D が $D>0$ となることであるから，$D>0$ を考えることで正の整数 c の値を具体的に絞り込むことができる。そこから c の値が $c = 1,\ 2,\ 3,\ 4,\ 5,\ 6$ のいずれかであることがわかるので，c の値を $D = -16c + 97$ に代入して実際に計算することで，根号の中の $D = -16c + 97$ が平方数となるかどうかを調べればよい。

〔**2**〕 やや難 《三角形の面積，辺と角の大小関係，外接円》 考察・証明

(1) $0°<A<180°$ より，$\sin A>0$ なので，$\sin^2 A+\cos^2 A=1$ を用いて

$$\sin A=\sqrt{1-\cos^2 A}=\sqrt{1-\left(\frac{3}{5}\right)^2}=\boxed{\frac{4}{5}} \quad →セ，ソ$$

であり，△ABC の面積は

$$\frac{1}{2}\cdot CA\cdot AB\cdot\sin A=\frac{1}{2}bc\sin A=\frac{1}{2}\cdot6\cdot5\cdot\frac{4}{5}=\boxed{12} \quad →タチ$$

四角形 CHIA，ADEB は正方形より

$$AI=CA=b, \quad DA=AB=c$$

であり

$$\angle DAI=360°-\angle IAC-\angle BAD-\angle CAB$$
$$=360°-90°-90°-A$$
$$=180°-A$$

なので

$$\sin\angle DAI=\sin(180°-A)=\sin A$$

よって，△AID の面積は

$$\frac{1}{2}\cdot AI\cdot DA\cdot\sin\angle DAI=\frac{1}{2}bc\sin A=\boxed{12} \quad →ツテ$$

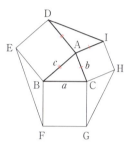

(2) 正方形 BFGC，CHIA，ADEB の面積をそれぞれ S_1，S_2，S_3 とすると

$$S_1=BC^2=a^2, \quad S_2=CA^2=b^2, \quad S_3=AB^2=c^2$$

このとき

$$S_1-S_2-S_3=a^2-b^2-c^2=a^2-(b^2+c^2)$$

となる。

- $0°<A<90°$ のとき

$$a^2<b^2+c^2$$

なので，$S_1-S_2-S_3=a^2-(b^2+c^2)$ は**負の値である**。 ② →ト

- $A=90°$ のとき

$$a^2=b^2+c^2$$

なので，$S_1-S_2-S_3=a^2-(b^2+c^2)$ は **0 である**。 ⓪ →ナ

- $90°<A<180°$ のとき

$$a^2>b^2+c^2$$

なので，$S_1-S_2-S_3=a^2-(b^2+c^2)$ は**正の値である**。 ① →ニ

(3) △ABC の面積を T とすると

$$T=\frac{1}{2}bc\sin A=\frac{1}{2}ca\sin B=\frac{1}{2}ab\sin C$$

△AID の面積 T_1 は，(1)より

$$T_1 = \frac{1}{2}bc\sin A = T$$

(1)と同様にして考えると，四角形 ADEB，BFGC，CHIA が正方形より

$$BE = AB = c, \quad FB = BC = a$$
$$CG = BC = a, \quad HC = CA = b$$

であり

$$\angle FBE = 360° - \angle EBA - \angle CBF - \angle ABC$$
$$= 360° - 90° - 90° - B$$
$$= 180° - B$$
$$\angle HCG = 360° - \angle GCB - \angle ACH - \angle BCA$$
$$= 360° - 90° - 90° - C$$
$$= 180° - C$$

なので

$$\sin\angle FBE = \sin(180° - B) = \sin B$$
$$\sin\angle HCG = \sin(180° - C) = \sin C$$

よって，△BEF，△CGH の面積 T_2，T_3 は

$$T_2 = \frac{1}{2}\cdot BE\cdot FB\cdot\sin\angle FBE = \frac{1}{2}ca\sin B = T$$

$$T_3 = \frac{1}{2}\cdot CG\cdot HC\cdot\sin\angle HCG = \frac{1}{2}ab\sin C = T$$

なので

$$T = T_1 = T_2 = T_3$$

したがって，a, b, c の値に関係なく，$T_1 = T_2 = T_3$ ③ →ヌ である。

(4)　△ABC，△AID，△BEF，△CGH の外接円の半径をそれぞれ，R, R_1, R_2, R_3 とする。

$0° < A < 90°$ のとき，$\angle DAI = 180° - A$ より　　$\angle DAI > 90°$

すなわち　　$\angle DAI > A$

△AID と△ABC は

$$AI = CA, \quad DA = AB$$

なので，$\angle DAI > A$ より

$$ID > BC \quad ② \quad →ネ \quad \cdots\cdots①$$

である。

△AID に正弦定理を用いると

$$2R_1 = \frac{ID}{\sin\angle DAI} = \frac{ID}{\sin A} \quad \therefore \quad R_1 = \frac{ID}{2\sin A}$$

△ABC に正弦定理を用いると

$$2R = \frac{BC}{\sin A} \qquad \therefore \quad R = \frac{BC}{2\sin A}$$

①の両辺を $2\sin A \,(>0)$ で割って

$$\frac{ID}{2\sin A} > \frac{BC}{2\sin A} \qquad \therefore \quad R_1 > R \quad \cdots\cdots②$$

したがって

　　　(△AIDの外接円の半径)＞(△ABCの外接円の半径)　　　②　　→ノ

であるから，上の議論と同様にして考えれば

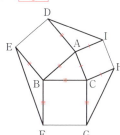

・$0°<A<B<C<90°$ のとき

$0°<B<90°$ なので，$\angle FBE = 180° - B$ より

　　　$\angle FBE > 90°$

すなわち　　　$\angle FBE > B$

△BEF と △ABC は

　　　$BE = AB, \quad FB = BC$

なので，$\angle FBE > B$ より

　　　$EF > CA \quad \cdots\cdots③$

である。

△BEF に正弦定理を用いると

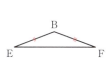

$$2R_2 = \frac{EF}{\sin\angle FBE} = \frac{EF}{\sin B} \qquad \therefore \quad R_2 = \frac{EF}{2\sin B}$$

△ABC に正弦定理を用いると

$$2R = \frac{CA}{\sin B} \qquad \therefore \quad R = \frac{CA}{2\sin B}$$

$0°<B<180°$ より，$\sin B > 0$ なので，③の両辺を $2\sin B \,(>0)$ で割って

$$\frac{EF}{2\sin B} > \frac{CA}{2\sin B} \qquad \therefore \quad R_2 > R \quad \cdots\cdots④$$

$0°<C<90°$ なので，$\angle HCG = 180° - C$ より

　　　$\angle HCG > 90°$

すなわち　　　$\angle HCG > C$

△CGH と △ABC は

　　　$CG = BC, \quad HC = CA$

なので，$\angle HCG > C$ より

　　　$GH > AB \quad \cdots\cdots⑤$

である。

△CGH に正弦定理を用いると

$$2R_3 = \frac{GH}{\sin\angle HCG} = \frac{GH}{\sin C} \qquad \therefore \quad R_3 = \frac{GH}{2\sin C}$$

△ABC に正弦定理を用いると

$$2R = \frac{AB}{\sin C} \qquad \therefore \quad R = \frac{AB}{2\sin C}$$

$0°<C<180°$ より，$\sin C>0$ なので，⑤の両辺を $2\sin C\,(>0)$ で割って

$$\frac{GH}{2\sin C} > \frac{AB}{2\sin C} \qquad \therefore \quad R_3 > R \quad \cdots\cdots ⑥$$

よって，②，④，⑥より，△ABC，△AID，△BEF，△CGH のうち，外接円の半径が最も小さい三角形は△ABC　⑩　→ハ　である。

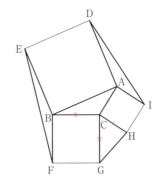

- $0°<A<B<90°<C$ のとき

$90°<C$ なので，$\angle HCG = 180°-C$ より

$$0°<\angle HCG<90°$$

すなわち　　$\angle HCG<C$

△CGH と△ABC は

$$CG=BC,\ HC=CA$$

なので，$\angle HCG<C$ より

$$GH<AB \quad \cdots\cdots ⑦$$

である。

⑦の両辺を $2\sin C\,(>0)$ で割って

$$\frac{GH}{2\sin C} < \frac{AB}{2\sin C} \qquad \therefore \quad R_3 < R \quad \cdots\cdots ⑧$$

よって，②，④，⑧より，△ABC，△AID，△BEF，△CGH のうち，外接円の半径が最も小さい三角形は△CGH　③　→ヒ　である。

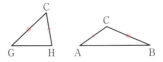

解　説

三角形の外側に，三角形の各辺を１辺とする３つの正方形と，正方形の間にできる３つの三角形を考え，それらの面積の大小関係や，外接円の半径の大小関係について考えさせる問題である。単純に式変形や計算をするだけでなく，辺と角の大小関係と融合させながら考えていく必要があり，思考力の問われる問題である。

⑴　△AID の面積が求められるかどうかは，$\angle DAI = 180°-A$ となることに気付けるかどうかにかかっている。これがわかれば，$\sin(180°-\theta)=\sin\theta$ を利用することで，（△AIDの面積）＝（△ABCの面積）＝12 であることが求まる。

⑵　$S_1-S_2-S_3 = a^2-(b^2+c^2)$ であることはすぐにわかるので，問題文の $0°<A<90°$，$A=90°$，$90°<A<180°$ から，以下の〔ポイント〕を利用することに気付きたい。

 ポイント　三角形の形状
 △ABC において

 $A<90°\Longleftrightarrow \cos A>0\Longleftrightarrow a^2<b^2+c^2$

 $A=90°\Longleftrightarrow \cos A=0\Longleftrightarrow a^2=b^2+c^2$

 $A>90°\Longleftrightarrow \cos A<0\Longleftrightarrow a^2>b^2+c^2$
```

上の〔ポイント〕は暗記してしまってもよいが，余弦定理を用いることで $\cos A=\dfrac{b^2+c^2-a^2}{2bc}$ となることを考えれば，その場で簡単に導き出すことができる。

(3)　△ABC の面積を $T$ とすると，(1)の結果より $T_1=T$ が成り立つので，(1)と同様にすることで，$T_2=T$，$T_3=T$ が示せることも予想がつくだろう。

(4)　(1)において $\angle\text{DAI}=180°-A$ であることがわかっているので，$0°<A<90°$ のとき $\angle\text{DAI}>90°$ であり，$\angle\text{DAI}>A$ であることがわかる。

△AID と △ABC は AI＝CA，DA＝AB なので，$\angle\text{DAI}>A$ より，

ID＞BC　……①であるといえる。AI＝CA，DA＝AB が成り立たない場合には，$\angle\text{DAI}>A$ であっても，ID＞BC とはいえない。

△AID，△ABC にそれぞれ正弦定理を用いると，$\sin\angle\text{DAI}=\sin A$ より，

$R_1=\dfrac{\text{ID}}{2\sin A}$，$R=\dfrac{\text{BC}}{2\sin A}$ が求まるので，①を利用することで，$R_1>R$　……②が求まる。

$0°<A<B<C<90°$ のとき，$0°<B<90°$，$0°<C<90°$ なので，$R_1>R$　……②を求めたときの議論と同様にすることで，$R_2>R$　……④，$R_3>R$　……⑥が求まる。②，④，⑥より，$R_1>R$，$R_2>R$，$R_3>R$ となるから，外接円の半径が最も小さい三角形は △ABC であることがわかる。結果的に，与えられた条件 $A<B<C$ は利用することのない条件となっている。

$0°<A<B<90°<C$ のとき，$0°<A<90°$，$0°<B<90°$ なので，$R_1>R$　……②，$R_2>R$　……④が成り立つ。この場合は $90°<C$ であるが，$0°<C<90°$ のときと同じように考えていくことにより，$R_3<R$　……⑧が導き出せる。②，④，⑧より，$R_1>R$，$R_2>R$，$R>R_3$ となるから，外接円の半径が最も小さい三角形は △CGH であることがわかる。ここでも，与えられた条件 $A<B$ は利用することのない条件である。
```

第 2 問 ── 2次関数，データの分析

〔1〕 標準 《1次関数，2次関数》 実用設定

(1) 1秒あたりの進む距離すなわち平均速度は，x と z を用いて

$$平均速度 = 1秒あたりの進む距離$$

$$= 1秒あたりの歩数 \times 1歩あたりの進む距離$$

$$= z \times x = xz \ \text{〔m/秒〕} \quad \boxed{②} \quad →ア$$

と表される。

これより，タイムと，ストライド，ピッチとの関係は

$$タイム = \frac{100 \text{〔m〕}}{平均速度 \text{〔m/秒〕}} = \frac{100}{xz} \quad \cdots\cdots①$$

と表されるので，xz が最大になるときにタイムが最もよくなる。

(2) ストライドが 0.05 大きくなるとピッチが 0.1 小さくなるという関係があると考えて，ピッチがストライドの1次関数として表されると仮定したとき，そのグラフの傾きは，ストライド x が 0.05 大きくなると，ピッチ z が 0.1 小さくなることより

$$\frac{-0.1}{0.05} = -2$$

これより，グラフの z 軸上の切片を b とすると

$$z = -2x + b$$

とおけるから，表の2回目のデータより，$x = 2.10$，$z = 4.60$ を代入して

$$4.60 = -2 \times 2.10 + b \quad \therefore \quad b = 8.80 = \frac{44}{5}$$

よって，ピッチ z はストライド x を用いて

$$z = \boxed{-2} \, x + \frac{\boxed{44}}{5} \quad →イウ，エオ \quad \cdots\cdots②$$

と表される。

②が太郎さんのストライドの最大値 2.40 とピッチの最大値 4.80 まで成り立つと仮定すると，ピッチ z の最大値が 4.80 より，$z \leqq 4.80$ だから，②を代入して

$$-2x + \frac{44}{5} \leqq 4.80 \quad -2x \leqq 4.80 - 8.80 \quad \therefore \quad x \geqq 2.00$$

ストライド x の最大値が 2.40 より，$x \leqq 2.40$ だから，x の値の範囲は

$$\boxed{2}.\boxed{00} \leqq x \leqq 2.40 \quad →カ．キク$$

$y = xz$ とおく。②を $y = xz$ に代入すると

$$y = x\left(-2x + \frac{44}{5}\right) = -2x^2 + \frac{44}{5}x = -2\left(x - \frac{11}{5}\right)^2 + \frac{242}{25}$$

太郎さんのタイムが最もよくなるストライドとピッチを求める
ために は，$2.00 \leqq x \leqq 2.40$ の範囲で y の値を最大にする x の値
を見つければよい。

$$y = -2\left(x - \frac{11}{5}\right)^2 + \frac{242}{25}$$

このとき，$x = \frac{11}{5} = 2.2$ より，y の値が最大になるのは

$x = \boxed{2} . \boxed{20}$ →ケ，コサ のときであり，y の値の最大値

は $\frac{242}{25}$ である。

$x = 2.00 \quad x = 2.40$

$x = 2.20$

よって，太郎さんのタイムが最もよくなるのは，ストライド x
が 2.20 のときであり，このとき，ピッチ z は，$x = 2.20$ を②
に代入して

$$z = -2 \times 2.20 + 8.80 = \boxed{4} . \boxed{40} \quad →シ，スセ$$

である。

また，このときの太郎さんのタイムは，$y = xz$ の最大値が $\frac{242}{25}$ なので，①より

$$タイム = \frac{100}{xz} = \frac{100}{\frac{242}{25}} = 100 \div \frac{242}{25} = \frac{1250}{121} = 10.330\cdots \fallingdotseq 10.33 \quad \boxed{③} \quad →ソ$$

である。

解説

　陸上競技の短距離 100 m 走において，タイムが最もよくなるストライドとピッチ
を，ストライドとピッチの間に成り立つ関係も考慮しながら考察していく，日常の事
象を題材とした問題である。問題文で与えられた用語の定義や，その間に成り立つ関
係を理解し，数式を立てられるかどうかがポイントとなる。

(1)　問題文に，ピッチ $z = (1$ 秒あたりの歩数$)$，ストライド $x = (1$ 歩あたりの進む距
　　離$)$ であることが与えられているので，平均速度 $= (1$ 秒あたりの進む距離$)$ であ
　　ることと合わせて考えれば，平均速度 $= xz$ と表されることがわかる。あるいは

$$ストライド \, x = \frac{100 \, (\text{m})}{100 \, \text{m を走るのにかかった歩数} \, (\text{歩})}$$

$$ピッチ \, z = \frac{100 \, \text{m を走るのにかかった歩数} \, (\text{歩})}{タイム \, (\text{秒})}$$

であることを利用して

$$平均速度 = 1 \text{秒あたりの進む距離} = \frac{100 \, (\text{m})}{タイム \, (\text{秒})}$$

$$= \frac{100 \, (\text{m})}{100 \, \text{m を走るのにかかった歩数} \, (\text{歩})} \cdot \frac{100 \, \text{m を走るのにかかった歩数} \, (\text{歩})}{タイム \, (\text{秒})}$$

$$= xz$$

と考えてもよい。

(2)　ピッチがストライドの1次関数として表されると仮定したとき，ストライド x が

0.05 大きくなるとピッチ z が 0.1 小さくなることより，変化の割合は $\dfrac{-0.1}{0.05} = -2$

で求められる。

〔解答〕では $z = -2x + b$ とおき，表の2回目のデータ $x = 2.10$，$z = 4.60$ を代入し

たが，1回目のデータ $x = 2.05$，$z = 4.70$，もしくは，3回目のデータ $x = 2.15$，

$z = 4.50$ を代入して b の値を求めてもよい。$z = -2x + \dfrac{44}{5}$ ……② が求まれば，

$x \leqq 2.40$，$z \leqq 4.80$ を用いて x の値の範囲が求められる。

$y = xz$ とおいてからは，問題文に丁寧な誘導がついているので，それに従っていけ

ば y の値が最大になる x の値が求まる。このときの z の値は②を利用し，タイムは

①が タイム $= \dfrac{100}{xz} = \dfrac{100}{y}$ であることを利用する。

〔**2**〕　**標準**　《箱ひげ図，ヒストグラム，データの相関》　　**実用設定**

(1)　図1から読み取れることとして正しくないものを考えると

⓪　第1次産業の就業者数割合の四分位範囲は，2000年度までは，後の時点になるにしたがって減少している。よって，正しい。

①　第1次産業の就業者数割合について，左側のひげの長さと右側のひげの長さを比較すると，1990年度，2000年度，2005年度，2010年度において右側の方が長い。よって，正しくない。

②　第2次産業の就業者数割合の中央値は，1990年度以降，後の時点になるにしたがって減少している。よって，正しい。

③　第2次産業の就業者数割合の第1四分位数は，1975年度から1980年度，1985年度から1990年度では増加している。よって，正しくない。

④　第3次産業の就業者数割合の第3四分位数は，後の時点になるにしたがって増加している。よって，正しい。

⑤　第3次産業の就業者数割合の最小値は，後の時点になるにしたがって増加している。よって，正しい。

以上より，正しくないものは ① と ③ →タ，チ（解答の順序は問わない）である。

(2)　・1985年度におけるグラフについて考える。

図1の1985年度の第1次産業の就業者数割合の箱ひげ図より，最大値は25より大きく30より小さいから，1985年度におけるグラフとして適するのは，①あるいは

③である。

図1の1985年度の第3次産業の就業者数割合の箱ひげ図より，最小値は45だから，ヒストグラムの各階級の区間は，左側の数値を含み，右側の数値を含まないことに注意すると，①と③の2つのグラフのうち，最小値が45以上50未満の区間にあるのは①である。

よって，1985年度におけるグラフは　①　→ツ　である。

・1995年度におけるグラフについて考える。

図1の1995年度の第1次産業の就業者数割合の箱ひげ図より，最大値は15より大きく20より小さいから，1995年度におけるグラフとして適するのは，②あるいは④である。

図1の1995年度の第3次産業の就業者数割合の箱ひげ図より，中央値は55より大きく60より小さい。

47個のデータの中央値は，47個のデータを小さいものから順に並べたときの24番目の値であるから，②と④の2つのグラフのうち，24番目の値である中央値が55以上60未満の区間にあるのは④である。

よって，1995年度におけるグラフは　④　→テ　である。

(3)　1975年度を基準としたときの，2015年度の変化について考える。

(I)　都道府県別の第1次産業の就業者数割合と第2次産業の就業者数割合の間の相関を考えると，図2の左端の散布図は負の相関がみられるが，図3の左端の散布図は相関がみられない。よって，都道府県別の第1次産業の就業者数割合と第2次産業の就業者数割合の間の相関は，1975年度を基準にしたとき，2015年度は弱くなっているから，誤り。

(II)　都道府県別の第2次産業の就業者数割合と第3次産業の就業者数割合の間の相関を考えると，図2の中央の散布図は相関がみられないが，図3の中央の散布図は負の相関がみられる。よって，都道府県別の第2次産業の就業者数割合と第3次産業の就業者数割合の間の相関は，1975年度を基準にしたとき，2015年度は強くなっているから，正しい。

(III)　都道府県別の第3次産業の就業者数割合と第1次産業の就業者数割合の間の相関を考えると，図2の右端の散布図は負の相関がみられるが，図3の右端の散布図は相関がみられない。よって，都道府県別の第3次産業の就業者数割合と第1次産業の就業者数割合の間の相関は，1975年度を基準にしたとき，2015年度は弱くなっているから，誤り。

以上より，(I), (II), (III)の正誤の組合せとして正しいものは　⑤　→ト　である。

(4) 「各都道府県の，男性の就業者数と女性の就業
者数を合計すると就業者数の全体となる」とある
ので，都道府県別の，第1次産業の就業者数割合
（横軸）と，女性の就業者数割合（縦軸）の散布
図の各点は，都道府県別の，第1次産業の就業者
数割合（横軸）と，男性の就業者数割合（縦軸）
の散布図の各点を，縦軸の50％を通る横軸に平
行な直線に関して対称移動させた位置にある。

よって，都道府県別の，第1次産業の就業者数割
合（横軸）と，女性の就業者数割合（縦軸）の散
布図は，図4の散布図を上下逆さまにしたものと
なるから，　②　→ ナ である。

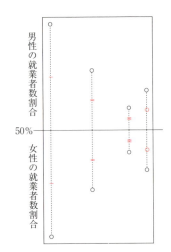

解説

(1) 箱ひげ図から読み取れることとして正しくないものを選ぶ問題である。
（四分位範囲）＝（第3四分位数）－（第1四分位数）
で求めることができる。

(2) 箱ひげ図に対応するグラフを選択肢の中から
選ぶ問題である。まず最大値・最小値に着目し，
それで判断できなければ四分位数に着目する。
図1の1985年度の第1次産業の就業者数割合の
箱ひげ図の最大値に着目すると，1985年度にお

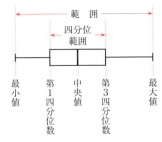

けるグラフとして適するのは，①あるいは③とな
る。さらに，図1の1985年度の第3次産業の就業者数割合の箱ひげ図の最小値は
45だから，ヒストグラムの各階級の区間は，左側の数値を含み，右側の数値を含
まないことに注意して，①と③の2つのグラフのうち，どちらが1985年度のグラ
フとして適するかを考えることになる。

図1の1995年度の第1次産業の就業者数割合の箱ひげ図の最大値に着目すると，
1995年度におけるグラフとして適するのは，②あるいは④となる。さらに，図1
の1995年度の第3次産業の就業者数割合の箱ひげ図の中央値に着目することで，
②と④の2つのグラフのうち，どちらが1995年度のグラフとして適するかが判断
できる。ここでは，47の都道府県別のデータを扱っているので，データの個数は
47個であり，47個のデータを x_1, x_2, $\cdots$, x_{47}（ただし，$x_1 \leq x_2 \leq \cdots \leq x_{47}$）とする
と，最小値は x_1，第1四分位数は x_{12}，中央値は x_{24}，第3四分位数は x_{36}，最大値
は x_{47} となる。

(3)　散布図に関する記述の正誤の組合せとして正しいものを選択肢の中から選ぶ問題である。

- 相関係数の値が1に近いほど，2つの変量の正の相関関係は強く，散布図の点は右上がりの直線に沿って分布する傾向にある。
- 相関係数の値が−1に近いほど，2つの変量の負の相関関係は強く，散布図の点は右下がりの直線に沿って分布する傾向にある。
- 相関係数の値が0に近いほど，2つの変量の相関関係は弱く，散布図の点に直線的な相関関係はない傾向にある。

この問題で「相関が強くなった」とは，相関係数の絶対値が大きくなったことを意味するので，1975年度の散布図の点の分布を基準にしたとき，2015年度の散布図の点が，直線に沿って分布する傾向がなお一層みられるようになったかどうかにだけ注目すればよい。

(4)　都道府県別の，第1次産業の就業者数割合と，男性の就業者数割合の散布図から，都道府県別の，第1次産業の就業者数割合と，女性の就業者数割合の散布図を，選択肢の中から選ぶ問題である。

「各都道府県の，男性の就業者数と女性の就業者数を合計すると就業者数の全体となる」ということは，男性の就業者数割合と女性の就業者数割合の合計が100％になるということである。したがって，都道府県別の，第1次産業の就業者数割合（横軸）と，女性の就業者数割合（縦軸）の散布図の点は，図4の散布図を，上下逆さまにした位置に分布することがわかる。

第3問 　標準　場合の数と確率　《条件付き確率》　会話設定　考察・証明

(1)　(i)　箱Aにおいて，当たりくじを引く確率は $\dfrac{1}{2}$，はずれくじを引く確率は

$$1-\frac{1}{2}=\frac{1}{2}$$

3回中ちょうど1回当たるのは，1回目に当たる場合と，2回目に当たる場合と，3回目に当たる場合の $_3C_1=3$ 通りあり，いずれの確率も $\dfrac{1}{2}\cdot\left(\dfrac{1}{2}\right)^2$ である。

よって，箱Aにおいて，3回中ちょうど1回当たる確率は

$$_3C_1\times\frac{1}{2}\cdot\left(\frac{1}{2}\right)^2=\frac{3}{8}\quad\rightarrow\text{ア，イ}\ \cdots\cdots①$$

箱Bにおいて，当たりくじを引く確率は $\dfrac{1}{3}$，はずれくじを引く確率は

$$1-\frac{1}{3}=\frac{2}{3}$$

3回中ちょうど1回当たるのは，1回目に当たる場合と，2回目に当たる場合と，3回目に当たる場合の $_3C_1=3$ 通りあり，いずれの確率も $\dfrac{1}{3}\cdot\left(\dfrac{2}{3}\right)^2$ である。

よって，箱Bにおいて，3回中ちょうど1回当たる確率は

$$_3C_1\times\frac{1}{3}\cdot\left(\frac{2}{3}\right)^2=\frac{4}{9}\quad\rightarrow\text{ウ，エ}\ \cdots\cdots②$$

(ii)　箱Aが選ばれる事象を A，箱Bが選ばれる事象を B，3回中ちょうど1回当たる事象を W とすると，①，②より

$$P(A\cap W)=\frac{1}{2}\times\frac{3}{8},\ P(B\cap W)=\frac{1}{2}\times\frac{4}{9}$$

これより

$$P(W)=P(A\cap W)+P(B\cap W)=\frac{1}{2}\times\frac{3}{8}+\frac{1}{2}\times\frac{4}{9}=\frac{1}{2}\left(\frac{3}{8}+\frac{4}{9}\right)$$

$$=\frac{1}{2}\times\frac{27+32}{8\times9}=\frac{1}{2}\times\frac{59}{8\times9}$$

であるから，3回中ちょうど1回当たったとき，選んだ箱がAである条件付き確率 $P_W(A)$ は

$$P_W(A)=\frac{P(W\cap A)}{P(W)}=\frac{P(A\cap W)}{P(W)}=\left(\frac{1}{2}\times\frac{3}{8}\right)\div\left(\frac{1}{2}\times\frac{59}{8\times9}\right)$$

$$=\frac{27}{59}\quad\rightarrow\text{オカ，キク}$$

となる。

また，条件付き確率 $P_W(B)$ は

$$P_W(B) = \frac{P(W \cap B)}{P(W)} = \frac{P(B \cap W)}{P(W)} = \left(\frac{1}{2} \times \frac{4}{9}\right) \div \left(\frac{1}{2} \times \frac{59}{8 \times 9}\right)$$

$$= \frac{\boxed{32}}{\boxed{59}} \quad \rightarrow \text{ケコ，サシ}$$

となる。

(2) $P_W(A)$ と $P_W(B)$ について

$$P_W(A) : P_W(B) = \frac{27}{59} : \frac{32}{59} = 27 : 32$$

また，①の確率と②の確率について

$$(①の確率) : (②の確率) = \frac{3}{8} : \frac{4}{9} = 27 : 32$$

よって，$P_W(A)$ と $P_W(B)$ の比 $\boxed{③}$ →ス は，①の確率と②の確率の比に等しい。

(3) 箱Cにおいて，当たりくじを引く確率は $\frac{1}{4}$，はずれくじを引く確率は

$$1 - \frac{1}{4} = \frac{3}{4}$$

よって，箱Cにおいて，3回中ちょうど1回当たる確率は，(1)(i)と同様に考えれば

$${}_3\mathrm{C}_1 \times \frac{1}{4} \cdot \left(\frac{3}{4}\right)^2 = \frac{27}{64} \quad \cdots\cdots③$$

箱Aが選ばれる事象を A，箱Bが選ばれる事象を B，箱Cが選ばれる事象を C，3回中ちょうど1回当たる事象を W とすると，①，②，③より

$$P(A \cap W) = \frac{1}{3} \times \frac{3}{8}, \quad P(B \cap W) = \frac{1}{3} \times \frac{4}{9}, \quad P(C \cap W) = \frac{1}{3} \times \frac{27}{64}$$

これより

$$P(W) = P(A \cap W) + P(B \cap W) + P(C \cap W) = \frac{1}{3} \times \frac{3}{8} + \frac{1}{3} \times \frac{4}{9} + \frac{1}{3} \times \frac{27}{64}$$

$$= \frac{1}{3}\left(\frac{3}{8} + \frac{4}{9} + \frac{27}{64}\right) = \frac{1}{3} \times \frac{216 + 256 + 243}{9 \times 64} = \frac{1}{3} \times \frac{715}{9 \times 64}$$

であるから，3回中ちょうど1回当たったとき，選んだ箱がAである条件付き確率は

$$P_W(A) = \frac{P(W \cap A)}{P(W)} = \frac{P(A \cap W)}{P(W)} = \left(\frac{1}{3} \times \frac{3}{8}\right) \div \left(\frac{1}{3} \times \frac{715}{9 \times 64}\right)$$

$$= \frac{\boxed{216}}{\boxed{715}} \quad \rightarrow \text{セソタ，チツテ}$$

となる。

(4) 箱Dにおいて，当たりくじを引く確率は $\dfrac{1}{5}$，はずれくじを引く確率は

$$1 - \dfrac{1}{5} = \dfrac{4}{5}$$

よって，箱Dにおいて，3回中ちょうど1回当たる確率は，(1)(i)と同様に考えれば

$$_3\mathrm{C}_1 \times \left(\dfrac{1}{5}\right) \cdot \left(\dfrac{4}{5}\right)^2 = \dfrac{48}{125} \quad \cdots\cdots④$$

箱Aが選ばれる事象を A，箱Bが選ばれる事象を B，箱Cが選ばれる事象を C，
箱Dが選ばれる事象を D，3回中ちょうど1回当たる事象を W とする。
箱が四つの場合でも，条件付き確率の比は各箱で3回中ちょうど1回当たりくじを
引く確率の比になっていることを利用すると，①，②，③，④より

$$P_W(A) : P_W(B) : P_W(C) : P_W(D)$$

$$= (①の確率) : (②の確率) : (③の確率) : (④の確率) = \dfrac{3}{8} : \dfrac{4}{9} : \dfrac{27}{64} : \dfrac{48}{125}$$

$$= 27000 : 32000 : 30375 : 27648$$

すなわち

$$P_W(B) > P_W(C) > P_W(D) > P_W(A)$$

であるから，条件付き確率を用いて，どの箱からくじを引いた可能性が高いかを考
え，可能性が高い方から順に並べるとB，C，D，A　⑧ →ト となる。

解説

複数の箱からくじを引き，条件付き確率を用いて，どの箱からくじを引いた可能性
が高いかを考える問題である。誘導が丁寧に与えられているため解きやすいと思われ
るが，前問までの計算過程と，比を上手に利用していかないと，計算量が多くなって
しまい，時間を浪費してしまうことになりかねない。その点で差のつく問題であった
といえるだろう。

(1) (i) 3回中ちょうど1回当たるのは，1回目，2回目，3回目のいずれかで当た
る場合である。

 (ii) 誘導が丁寧に与えられているので，誘導に従って，条件付き確率を求める。計
算もそれほど面倒なものではないので，確実に正解したい問題である。

(2) 正解以外の選択肢 ⓪ 和，① 2乗の和，② 3乗の和，④ 積 については，

$$P_W(A) = \dfrac{27}{59}, \quad P_W(B) = \dfrac{32}{59}, \quad (①の確率) = \dfrac{3}{8}, \quad (②の確率) = \dfrac{4}{9} \text{ の値を使って実際に}$$

計算してみれば，適さないことがすぐにわかる。

(3) 花子さんと太郎さんが事実(＊)について話している会話文の内容は，以下のこと
を表している。

$$P_W(A) : P_W(B) = \frac{P(A \cap W)}{P(W)} : \frac{P(B \cap W)}{P(W)} = P(A \cap W) : P(B \cap W)$$

$$= \frac{1}{2} \times \frac{3}{8} : \frac{1}{2} \times \frac{4}{9} = \frac{1}{2} \times (①の確率) : \frac{1}{2} \times (②の確率)$$

$$= (①の確率) : (②の確率)$$

これが理解できると，箱が三つの場合でも，箱が四つの場合でも，同様の結果が成り立つことがわかる。

(4)　3回中ちょうど1回当たったとき，条件付き確率を用いて，どの箱からくじを引いた可能性が高いかを考えるので，選んだ箱がA，B，C，Dである条件付き確率 $P_W(A)$，$P_W(B)$，$P_W(C)$，$P_W(D)$ の値の大きさを比較すればよい。その際，花子さんと太郎さんの会話文において，条件付き確率の比は各箱で3回中ちょうど1回当たりくじを引く確率の比になっていることが誘導として与えられているので，それを利用して，条件付き確率の値は計算せずにその大きさを比較する。

第4問　やや難　整数の性質　《不定方程式》　考察・証明

(1)　さいころを5回投げて，偶数の目がx回，奇数の目がy回出たとき，点P_0にある石を点P_1に移動させることができたとすると

$$5x - 3y = 1, \quad x + y = 5$$

なので，これを解けば

$$x = 2, \quad y = 3$$

よって，さいころを5回投げて，偶数の目が　2　→ア　回，奇数の目が　3　→イ　回出れば，点P_0にある石を点P_1に移動させることができる。

このとき，$x = 2$，$y = 3$は，不定方程式$5x - 3y = 1$の整数解になっているので

$$5 \cdot 2 - 3 \cdot 3 = 1 \quad \cdots\cdots ⓐ$$

が成り立つ。

(2)　ⓐの両辺を8倍して

$$5 \cdot 16 - 3 \cdot 24 = 8 \quad \cdots\cdots ⓑ$$

$5x - 3y = 8 \quad \cdots\cdots ①$ の辺々からⓑを引けば

$$5(x - 16) - 3(y - 24) = 0 \qquad 5(x - 16) = 3(y - 24)$$

5と3は互いに素だから，不定方程式①のすべての整数解x，yは，kを整数として

$$x - 16 = 3k, \quad y - 24 = 5k$$

$$\therefore \quad x = 16 + 3k \quad \cdots\cdots ② \qquad\qquad y = 24 + 5k \quad \cdots\cdots ③$$

$$= 2 \times 8 + \boxed{3} \, k \quad →ウ \qquad\qquad = 3 \times 8 + \boxed{5} \, k \quad →エ$$

と表される。

①の整数解x，yの中で，$0 \leq y < 5$を満たすものは，③を$0 \leq y < 5$に代入すれば

$$0 \leq 24 + 5k < 5 \qquad -24 \leq 5k < -19$$

$$(-4.8 =) \, -\frac{24}{5} \leq k < -\frac{19}{5} \, (= -3.8)$$

なので，$k = -4$のときであるから，②，③より

$$x = 16 + 3 \cdot (-4) \qquad\qquad y = 24 + 5 \cdot (-4)$$

$$= \boxed{4} \quad →オ \qquad\qquad = \boxed{4} \quad →カ$$

である。

したがって，さいころを$x + y = 4 + 4 = \boxed{8}$ →キ 回投げて，偶数の目が4回，奇数の目が4回出れば，点P_0にある石を点P_8に移動させることができる。

(3)　(＊)に注意すると，$15 = 5 \cdot 3$より，偶数の目が3回出ると反時計回りに15個先の点に移動して元の点に戻る。また，$15 = 3 \cdot 5$より，奇数の目が5回出ると時計回りに15個先の点（反時計回りに-15個先の点）に移動して元の点に戻る。

これより，偶数の目の出る回数が3回少ないか，または，奇数の目の出る回数が5回少ないならば，同じ点に移動させることができるので，(2)において，偶数の目が4回，奇数の目が4回出れば，点 P_0 にある石を点 P_8 に移動させることができることより，偶数の目が出る回数を3回減らしたとしても，点 P_0 にある石を点 P_8 に移動させることができる。

よって，偶数の目が $4-3=$ 　1　 →ク 回，奇数の目が 　4　 →ケ 回出れば，さいころを投げる回数が $1+4=$ 　5　 →コ 回で，点 P_0 にある石を点 P_8 に移動させることができる。

(4)　(3)と同様に(＊)に注意して考えれば，偶数の目が3回以上出る場合には，偶数の目の出る回数を3回ずつ減らしたとしても，同じ点に移動させることができるので，偶数の目の出る回数は0回，1回，2回のみを考えればよいことがわかる。同様に，奇数の目が5回以上出る場合には，奇数の目の出る回数を5回ずつ減らしたとしても，同じ点に移動させることができるので，奇数の目の出る回数は0回，1回，2回，3回，4回のみを考えればよいことがわかる。

これより，偶数の目が x 回 （$0 \leqq x \leqq 2$ である整数），奇数の目が y 回 （$0 \leqq y \leqq 4$ である整数）出たとき，点 P_0 にある石を移動させることができる点を表にまとめると，右のようになる。

よって，各点 P_1, P_2, $\cdots$, P_{14} の最小回数は，右の表の $x+y$ の値であることに注意すれば，点

x＼y	0	1	2	3	4
0	P_0	P_{12}	P_9	P_6	P_3
1	P_5	P_2	P_{14}	P_{11}	P_8
2	P_{10}	P_7	P_4	P_1	P_{13}

P_1, P_2, $\cdots$, P_{14} のうち，この最小回数が最も大きいのは点 P_{13} ③ →サ であり，その最小回数は $x+y=2+4=$ 　6　 →シ 回である。

解　説

円周上に並ぶ15個の点上を，さいころの目によって石を移動させるときに，移動させることができる点について，不定方程式の整数解を用いて考察させる問題である。与えられた1次不定方程式を解いていくだけでなく，1次不定方程式をどのように利用するかを考える必要があり，思考力の問われる問題である。

(1)　さいころを5回投げる場合を考えるから，偶数の目が x 回，奇数の目が $(5-x)$ 回出たとき，点 P_0 にある石を点 P_1 に移動させることができたとして，$5x-3(5-x)=1$ と立式することから x の値を求めてもよい。

(2)　(1)の結果から，ⓐが成り立つので，ⓐの両辺を8倍した式ⓑをつくることで①－ⓑを考えれば，不定方程式①のすべての整数解 x, y を求めることができる。

①の整数解 x, y の中で，$0 \leqq y < 5$ を満たすものは，③を $0 \leqq y < 5$ に代入することで，$0 \leqq y < 5$ を満たすときの k の値が $k=-4$ と求まるので，$k=-4$ を②，③に代入すればよい。あるいは，$y=24+5k$ ……③の k に具体的な値を代入しながら，

$0 \leq y < 5$ を満たす k の値を探すことで $k = -4$ を見つけ出す方法も考えられる。

⑶ （＊）より，偶数の目が3回出ると反時計回りに15個先の点に移動して元の点に戻り，奇数の目が5回出ると反時計回りに-15個先の点に移動して元の点に戻るので，偶数の目の出た回数を3回減らすか，または，奇数の目の出た回数を5回減らしたとしても，同じ点に移動させることができることを利用して，偶数の目が1回，奇数の目が4回出ればよいことを求めている。

⑷ ⑶と同様に考えることで，偶数の目の出た回数を3回減らすか，または，奇数の目の出た回数を5回減らしたとしても，同じ点に移動させることができることがわかるから，偶数の目の出る回数は0回〜2回を考えればよく，奇数の目の出る回数は0回〜4回を考えればよいことがわかる。点 P_0 にある石を移動させることができる点をまとめた表から，各点の最小回数は x と y の和 $x+y$ に等しいことに注意することで，点 P_1，P_2，…，P_{14} のうち，最小回数が最も大きいのは点 P_{13} であることがわかる。

第5問 やや難 図形の性質 《角の二等分線と辺の比，方べきの定理》

線分 AD は∠BAC の二等分線なので

$$BD:DC = AB:AC = 3:5$$

であるから

$$BD = \frac{3}{3+5}BC = \frac{3}{8}\cdot 4 = \boxed{\frac{3}{2}} \quad →ア，イ$$

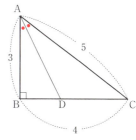

△ABC において

$$AC^2 = AB^2 + BC^2$$

が成り立つので，三平方の定理の逆より，∠B＝90°である。
直角三角形 ABD に三平方の定理を用いて

$$AD^2 = AB^2 + BD^2 = 3^2 + \left(\frac{3}{2}\right)^2 = \frac{45}{4}$$

AD＞0 より

$$AD = \sqrt{\frac{45}{4}} = \frac{\boxed{3}\sqrt{\boxed{5}}}{\boxed{2}} \quad →ウ，エ，オ$$

また，∠B＝90°なので，円周角の定理の逆より，
△ABC の外接円 O の直径は AC である。
円周角の定理より

$$∠AEC = 90°$$

なので，△AEC に着目すると，△AEC と△ABD に
おいて，∠CAE＝∠DAB，∠AEC＝∠ABD＝90°
より，△AEC∽△ABD であるから

$$AE:AB = AC:AD$$

$$AE:3 = 5:\frac{3\sqrt{5}}{2} \qquad \frac{3\sqrt{5}}{2}AE = 15$$

$$∴ \quad AE = 15 \times \frac{2}{3\sqrt{5}} = \boxed{2}\sqrt{\boxed{5}} \quad →カ，キ$$

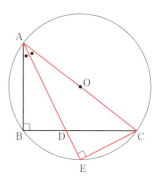

円 P は△ABC の 2 辺 AB，AC の両方に接するので，
円 P の中心 P は∠BAC の二等分線 AE 上にある。
円 P と辺 AB との接点を H とすると

$$∠AHP = 90°, \quad HP = r$$

HP∥BD より

$$AP:AD = HP:BD$$

$$AP:\frac{3\sqrt{5}}{2} = r:\frac{3}{2} \qquad \frac{3}{2}AP = \frac{3\sqrt{5}}{2}r$$

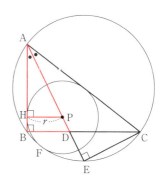

$$\therefore \quad \mathrm{AP} = \sqrt{\boxed{5}}\, r \quad \to \textbf{ク}$$

円 P は△ABC の外接円 O に内接するので，円 P と外接円 O との接点 F と，円 P の中心 P を結ぶ直線 PF は，外接円 O の中心 O を通る。

これより，FG は外接円 O の直径なので

$$\mathrm{FG} = \mathrm{AC} = 5$$

であり

$$\mathrm{PG} = \mathrm{FG} - \mathrm{FP} = \boxed{5} - r \quad \to \textbf{ケ}$$

と表せる。

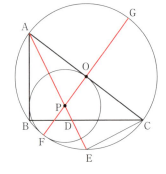

したがって，方べきの定理より

$$\mathrm{AP} \cdot \mathrm{PE} = \mathrm{FP} \cdot \mathrm{PG}$$
$$\mathrm{AP} \cdot (\mathrm{AE} - \mathrm{AP}) = \mathrm{FP} \cdot \mathrm{PG}$$
$$\sqrt{5}\, r\,(2\sqrt{5} - \sqrt{5}\, r) = r\,(5 - r)$$
$$4r^2 - 5r = 0 \qquad r(4r - 5) = 0$$

$r > 0$ なので

$$r = \dfrac{\boxed{5}}{\boxed{4}} \quad \to \textbf{コ，サ}$$

内接円 Q の半径を r' とすると，$(\triangle \mathrm{ABC}\ \text{の面積}) = \dfrac{1}{2} r'(\mathrm{AB} + \mathrm{BC} + \mathrm{CA})$ が成り立つので

$$\frac{1}{2} \cdot 3 \cdot 4 = \frac{1}{2} r'(3 + 4 + 5) \qquad \therefore \quad r' = 1$$

よって，内接円 Q の半径は $\boxed{1}$ 　→ $\textbf{シ}$

内接円 Q の中心 Q は，△ABC の内心なので，∠BAC の二等分線 AD 上にある。

内接円 Q と辺 AB との接点を J とすると

$$\angle \mathrm{AJQ} = 90^\circ, \quad \mathrm{JQ} = r' = 1$$

なので，JQ∥BD より

$$\mathrm{AQ} : \mathrm{AD} = \mathrm{JQ} : \mathrm{BD}$$
$$\mathrm{AQ} : \frac{3\sqrt{5}}{2} = 1 : \frac{3}{2} \qquad \frac{3}{2}\mathrm{AQ} = \frac{3\sqrt{5}}{2}$$

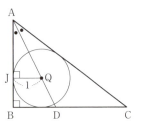

$$\therefore \quad \mathrm{AQ} = \sqrt{\boxed{5}} \quad \to \textbf{ス}$$

である。

また，点 A から円 P に引いた 2 接線の長さが等しいことより

$$\mathrm{AH} = \mathrm{AO} = \frac{\mathrm{AC}}{2} = \dfrac{\boxed{5}}{\boxed{2}} \quad \to \textbf{セ，ソ}$$

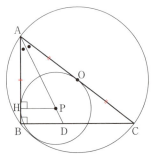

である。このとき

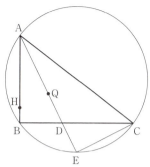

$$AH \cdot AB = \frac{5}{2} \cdot 3 = \frac{15}{2}$$

$$AQ \cdot AD = \sqrt{5} \cdot \frac{3\sqrt{5}}{2} = \frac{15}{2}$$

$$AQ \cdot AE = \sqrt{5} \cdot 2\sqrt{5} = 10$$

なので，$AH \cdot AB = AQ \cdot AD$ であるから，方べきの定理の逆より，4点H，B，Q，Dは同一円周上にある。よって，点Hは3点B，D，Qを通る円の周上にあるので，(a)は**正しい**。

また，$AH \cdot AB \neq AQ \cdot AE$ であるから，4点H，B，Q，Eは同一円周上にない。よって，点Hは3点B，E，Qを通る円の周上にないので，(b)は**誤り**。

以上より，点Hに関する(a)，(b)の正誤の組合せとして正しいものは ① →タ である。

解 説

　直角三角形の外接円，外接円に内接する円，内接円に関する問題。問題では図が与えられていないため，正確な図を描くだけでも難しい。また，3つの円を考えていくので，設問に合わせた図を何回か描き直す必要があり，時間もかかる。誘導も丁寧に与えられていないので，行間を思考しながら埋めていかなければならず，平面図形において成り立つ図形的な性質を理解していないと解き進められない問題も出題されている。問題文の見た目以上に時間のかかる，難易度の高い問題である。

BDの長さは，線分 AD が∠BAC の二等分線なので，角の二等分線と辺の比に関する定理を用いる。

△ABC において，$AC^2 = AB^2 + BC^2$ が成り立つので，三平方の定理の逆より，∠B = 90°であるから，直角三角形 ABD に三平方の定理を用いれば，AD の長さが求まる。

∠B = 90°なので，円周角の定理の逆より，△ABC の外接円Oの直径は AC であることがわかり，円周角の定理より，△AEC においても∠AEC = 90°であることがわかる。問題文に「△AEC に着目する」という誘導が与えられているので，△AEC∽△ABD を利用したが，方べきの定理を用いて AD・DE = BD・DC から DE を求め，AE = AD + DE を考えることで AE の長さを求めることもできる。

一般に，∠YXZ の二等分線から，2辺 XY，XZ へ下した垂線の長さは等しい。円Pが△ABC の2辺 AB と AC の両方に接するので，円Pの中心Pは∠BAC の二等分線 AE 上にあることがわかる。この理解がないと，$AP : AD = HP : BD$ を求めることは難しい。

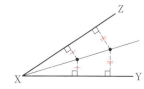

一般に, 内接する2円の接点と, 2円の中心は一直線上にある。
円Pは△ABCの外接円Oに内接するので, 直線PFは外接円Oの
中心Oを通る。この理解がないと, FG=5を求めることは難しい。

AP, PGの長さが求まれば, 方べきの定理を用いることは問題文
の誘導として与えられているので, ここまでに求めてきた線分の長
さも考慮に入れることで, AP·PE=FP·PGからrを求めることに気付けるだろう。

一般に, 内接する2円において, 内側の円が外側の円の直径にも接
するとき, その接点は外側の円の中心とは限らない。この問題では,
結果として$r=\dfrac{5}{4}$が求まるので, 円Pが外接円Oの中心Oにおいて

外接円Oの直径ACと接していることがわかる。

内接円Qの半径は, (△ABCの面積)$=\dfrac{1}{2}r'(AB+BC+CA)$を利用して求めた。円

外の点から円に引いた2接線の長さが等しいことを利
用して, 半径r'を求めることもできる。

AQを求める際に, AQ:AD=JQ:BDを利用した
が, AJ=AB-JB=3-r'=2, JQ=r'=1であること
がわかれば, △AJQに三平方の定理を用いてもよい。

AHを求める際に, 点Aから円Pに引いた2接線の長
さが等しいことを利用したが, HP=r, AP=$\sqrt{5}r$な

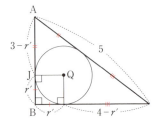

ので, △AHPに三平方の定理を用いる解法も思い付きやすい。

点Hに関する(a), (b)の正誤を判断する問題は, これまでに得られた結果を念頭におい
て考える。ここまでの設問でAH, AQ, AD, AEの長さは求まっているので, 方
べきの定理の逆を用いることに気付きたい。

> **ポイント** 方べきの定理の逆
>
> 2つの線分VWとXY, または, VWの延長とXYの延長どうしが点Zで
> 交わっているとき
>
> $$ZV·ZW=ZX·ZY$$
>
> が成り立つならば, 4点V, W, X, Yは同一円周上にある。

近年のセンター試験でも, 方べきの定理の逆を利用する問題が出題されていたので,
過去問演習をしていれば, 思い付くことができたのではないかと思われる。

AH·AB, AQ·AD, AQ·AEの値を計算することで, AH·AB=AQ·ADが成り立
つことがわかるから, 方べきの定理の逆より, 4点H, B, D, Qは同一円周上にあ
ることがわかる。また, AH·AB≠AQ·AEであるから, 方べきの定理の対偶を考え
ることで, 4点H, B, E, Qは同一円周上にないことがわかる。